科技论文写作与排版

周计明 编著

西北工业大学出版社

西安

【内容简介】 科技论文写作与排版是科研工作者和高校师生的一项必备技能,不论是初入科研领域的新手还是经验丰富的专家,在科研工作中都会面临科技论文写作与排版的问题。尤其是对于刚进入研究领域的科研新手来说,如何快速掌握写作方法和排版技巧是一项比较紧要的任务。本书从科技论文的写作、排版两个方面展开讲解。论文写作部分,主要从论文结构、构成要素、修辞与语法等方面讲解论文的写作要点,并通过精选高水平期刊文献内容作为案例,分析论文各个部分的写作方法,加深读者对论文结构、要素、语法、修辞的认识,从而提升写作水平。针对中英文期刊的不同排版要求,本书通过排版案例讲解两大排版工具 LaTeX 和 WPS 的使用方法和技巧,节省排版时间、提升工作效率。

本书可作为高等院校相关课程教材,也可供科技工作者参考使用。

图书在版编目(CIP)数据

科技论文写作与排版 / 周计明编著. -- 西安 : 西北工业大学出版社, 2024.8. -- ISBN 978-7-5612-9452-9

Ⅰ. G301

中国国家版本馆CIP数据核字第2024UZ4863号

KEJI LUNWEN XIEZUO YU PAIBAN

科技论文写作与排版

周计明　编著

责任编辑:万灵芝	策划编辑:杨　军
责任校对:李文乾	装帧设计:高永斌　温志强

出版发行:西北工业大学出版社
通信地址:西安市友谊西路127号　　　邮编:710072
电　　话:(029)88491757,88493844
网　　址:www.nwpup.com
印 刷 者:西安五星印刷有限公司
开　　本:720 mm×1 020 mm　　　1/16
印　　张:19.375
字　　数:286千字
版　　次:2024年8月第1版　　　2024年8月第1次印刷
书　　号:ISBN 978-7-5612-9452-9
定　　价:79.00元

如有印装问题请与出版社联系调换

序

PREFACE

我非常荣幸为周计明教授的《科技论文写作与排版》撰写序言。周计明是我的硕士研究生，他对论文排版一直有浓厚的兴趣，并擅长应用各种软件工具进行论文写作与排版，有20余年 LaTeX 排版与 Word 排版的经历，积累了丰富的经验。周计明长期从事金属基复材方面的研究工作，取得了丰硕的科研成果，发表了 50 余篇高水平科技论文，在写作方面也有自己独到的见解。他一直致力于培养学生的科技论文写作与排版能力，并将其融入日常教学中。2009 年，他面向本科生开设"学位论文写作与排版"课程，自 2018 年起，又面向研究生开设了这门课程。

科技论文写作是科研工作者必须掌握的重要技能之一，它不仅是传达科研成果的途径，更是展示学术能力和专业素养的窗口。在竞争激烈的学术环境中，写出令人信服和有影响力的科技论文对于科研工作者来说至关重要。因此，我对他选择这个主题并投入心血撰写这本书表示由衷的赞赏。

本书涵盖了科技论文写作和排版的关键内容，旨在帮助读者掌握撰写高质量科技论文所需的技巧和策略。它不仅涵盖写作的基本原则和结构，还介绍了文献的查找和引用、数据和图表的呈现，以及排版和格式要求等重要内容。通过深入浅出的讲解和丰富的实例，使读者系统地了解和应用这些写作技巧。

本书关注了科技论文写作中常见的错误和陷阱，并提供了实用的解决方案。还特别介绍科技论文的语言表达和修辞技巧，使读者能够以更清晰、准确和精练的方式传达他们的研究成果。本书不仅是一本理论指南，更是一本实践导向的教材。我相信，通过学习这本教材，无论是初涉科研写作的学生，还是有一定经验的研究人员，都能够从中获益良多，提升自己的写作技能，使自己的科技论文更具说服力和影响力。

当然，科技论文写作能力的提升并非一蹴而就的，它需要时间的积累和不断的实践。祝愿大家在科技论文写作的道路上取得巨大的成功！

2023年8月

前言

INTRODUCTION

科技论文已经成为体现论文作者创新思维和科研能力的最佳表现方式，也是科研人员了解领域内的前沿研究、分享科研成果和交流经验的最佳手段。同时，科技论文在推动科技发展、促进社会进步等方面也发挥着重要作用。2021年中国科技论文统计报告显示，按国际论文被引用次数统计，我国在材料科学、化学、计算机科学、工程技术等4个领域位居世界第一位，高被引论文、热点论文数量世界排名第二位。

科研和写作之间的关系是言和意的关系。意在言先，首先要有意，然后才有意之所言。因此，就科研和写作两者的关系而言，两者既互相联系又互相区别。首先必须从事科研活动，提高我们的科研素质，因为只有在科研的基础之上才能进行写作。科研活动有了成果以后再用语言表达出来，这种表达的过程就是写作的过程。高校开设科技论文写作课程，目的是使学生对科研工作有全面的认知，掌握科技论文写作的结构、方法、规范和技巧，培养学生分析问题、解决问题和创新思维的能力，端正科研态度，提升培养质量。科技论文写作的主要内容包括论文写作格式、写作规范及写作思路，传统的科技论文写作教材偏重论文内容，强调写作结构、逻辑性、规范性、遣词造句等方面，忽视保证论文格式规范的高效排版问题，导致学生在规范化论文格式方面投入大量精力，反而对论文内容有所忽视。

科技论文的构成包括文本、图形、表格、公式、参考文献等，如何将这些主要构成元素进行高效录入与编辑，是困扰科技工作者的一大难题。事实证明，作者花在排版上的时间可能是内容录入时间的几倍甚至更多。就拿参考文献来讲，在论文内容全部录入完毕后，一个小的改动可能导致参考文献顺序发生变化，其序号和文后文献的顺序需要重新整理，此时如果没有文献管理软件帮助，仅是如此调整一次就可能需要花费大量的时间和精力，而且参考文献数目越大，需要的时间也就越长。有的综述论文，引用参考文献达几百篇，其调整所需的工作量可想而知。再比如图表的编号也面临类似的问题，对于毕业论文等篇幅较长的写作，内容的微小调整可能导致排版工作量的成倍增长。因此，高效利用各种排版软件显得尤为重要。

科技论文写作是一个系统工程，也是一个反复迭代的过程，需要不断学习和改进。不仅需要有创新意识和能力、开展大量的试验研究工作，更要有好的语言功底，掌握高效的写作技巧与排版技巧。本书试图覆盖论文写作的两个方面——内容和版面，既包括论文结构要素简介、构成要素规范、选词造句要领，还从图文录入、编排、文献管理、交叉引用等方面入手，简要介绍论文排版中可能遇到的难题，为读者提供快捷检索的手段，解决排版过程中遇到的难题，提高排版效率，使读者能将更多精力用于论文内容写作上，而非版面调整上。

科技论文写作和排版中，需要注意细节，清晰表达思想，并遵守既定的规范。本书旨在介绍科技论文写作和排版的技巧，为研究人员、学生和从事科研工作的人提供有价值的见解和实用建议。无论您是经验丰富的作者，还是刚开始探索科研写作之路的新手，本书都将帮助您完善写作技巧，实现高效写作。

本书由周计明编著，具体参加编写的人员如下：西北工业大学周计明（第 4 章至第 7 章，第 1 章至第 3 章的案例素材部分）、太原理工大学李勇（第 1 章至第 3 章）、昌吉学院钟康迪（第 8 章），周计明对全书进行了统稿。本书获得 2022 年度西北工业大学研究生培养质量提升工程及西北工业大学"十四五"研究生教材建设项目的资助。西北工业大学齐乐华教授为本书的编写提供了宝贵意见，在此表示衷心感谢。

本书涉及的相关配置文件或模版文件，可从网站https://gitee.com/zhou-jiming/thesis-writing-and-layout下载。

由于水平有限，书中如有不当之处，敬请读者批评指正。

周计明

2023 年 8 月于西安

目 录

CONTENTS

第1章 论文结构 001
    1.1 题目 002
    1.2 摘要 005
    1.3 引言 018
    1.4 论文主体 028
    1.5 研究结论 036
    1.6 参考文献 042

第2章 论文构成要素 044
    2.1 字符 044
    2.2 公式 050
    2.3 插图 056
    2.4 表格 065

第3章 论文修辞与语法   069

   3.1 科技论文的修辞特点   069

   3.2 选词   071

   3.3 造句   080

   3.4 常见语病   094

   3.5 英文写作的相关建议   103

   3.6 工具书及其应用   104

第4章 论文插图绘制   109

   4.1 插图概述   109

   4.2 曲线图绘制 Gnuplot   110

   4.3 矢量图绘制 Inkscape   120

   4.4 工程图绘制 SolidWorks   124

   4.5 位图处理 Pinta   126

第5章 参考文献及其引用   128

   5.1 文献检索   128

   5.2 文献管理   139

   5.3 文献研究   143

第6章 基于 $\mathrm{L\!^{\!A}\!T\!_{\!E}\!X}$ 的科技论文排版   153

   6.1 Texlive 软件安装   153

6.2	T_EX文档结构	155
6.3	字体设置	159
6.4	公式录入	166
6.5	图形插入	173
6.6	表格	181
6.7	参考文献引用	193
6.8	常用宏包	201
6.9	常用编辑器	203
6.10	论文模板	227

第7章 基于字处理软件的论文排版 233

7.1	字处理软件的排版原则	234
7.2	WPS软件的选项设置	237
7.3	格式与样式	239
7.4	分节符与分隔符	249
7.5	页眉页脚	251
7.6	图文混排	254
7.7	交叉引用	256
7.8	常用插件	257
7.9	WPS 论文模板	266

第8章　投稿　268

8.1　国际出版巨头及发表期刊选择　268
8.2　投稿流程　274
8.3　论文署名　280
8.4　论文亮点　283
8.5　图形摘要　286
8.6　通讯互动　289

参考文献　292

附录　文中涉及的软件列表　294

后记　296

第1章 论文结构

科技论文是科学技术人员在科学研究、科学实验的基础上，对自然科学理论或工程技术等专业技术领域的现象或问题进行科学分析、综合，运用概念、判断、推理、证明或反驳等逻辑思维手段，分析和阐述创新成果，揭示现象和问题背后的本质及其规律，并按照一定的学术规范撰写而成的文章，在情报学中又被称为原始论文或一次文献。科技论文应该具有科学性、首创性、逻辑性和有效性，这是科技论文的基本特征。科技论文可以粗略分为期刊论文（快报、文章、综述）和学位论文等。

一篇完整的科技论文一般由以下几部分组成：① 题目（Title）；② 作者（Authors）；③ 单位（Affiliations）；④ 摘要（Abstract）；⑤ 关键词（Keywords）；⑥ 引言（Introduction）；⑦ 证明或实验步骤（Proof or Experimental Procedures）；⑧ 结果和讨论（Results and Discussion）；⑨ 结论（Conclusions）；⑩ 附录（Appendix）；⑪ 致谢（Acknowledgements）；⑫ 参考文献和注释（References and Notes）。本章重点阐述题目、摘要、引言、论文主体和结论。图1.1所示为沙漏型论文结构示意图，表示科技论文各部分内容的相对比重。沙漏型论文结构的特点是先从宏观层面引入，然后逐渐进入具体细节，最后再回到宏观层面进行总结和展望。这种结构可以让读者更好地理解研究内容，了解研究背景、方法和结果，并掌握研究的局限性和未来的研究方向。

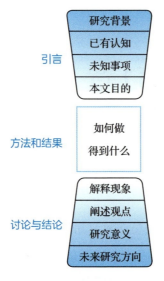

图1.1 沙漏型论文结构

1.1 题目

题目是科技论文的重要组成部分，它以最恰当、最简明的词语反映论文中最重要内容的逻辑组合，不仅是文章内容的简洁概括，还是吸引读者和引导读者理解文章的重要工具。一个好的题目应该能够准确地描述文章的主题和内容，让读者能够迅速了解文章的主旨，同时也要具有吸引人的特点，能够激发读者的兴趣，促使其进一步阅读。读者对论文需求的一般判别方式为：题目→ 关键词→ 摘要 → 结论。据不完全统计，在查阅科技文献的时候，每 500 人中只有 1 人会通读全文，其他人只会阅读文章的题目，因此题目是读者取舍论文的首要因素。好的题目能使读者透过题目而窥见论文的全貌，从而激发读者的兴趣，使其在浏览题目后便产生通读全文的意愿。一个好的科技论文题目应该具有简短、准确、突出重点、简明扼要的特点，能够引起读者的关注，引导读者理解文章的主题和内容。

1.1.1 题目拟定的基本原则

论文题目的拟定是否贴切、清楚，能否为读者查阅文献提供便利和依据，不仅影响论文的选材与内容涉及的范围，还影响论文的写作方式和深度。因此，在拟定题目时，首先要考虑题目的文字与论题的范围、论题的中心、论证的角度是否得当，其次要考虑题目词语的组织、搭配和限定。

概括起来，论文题目拟定时应遵循以下要点。

1. 用词切题，题有创意

题目是作者引领读者进入文章正文的首要环节，必须突出主题且反映论文的创新点，把研究的目的或所研究的某些因素之间的关系用恰当而生动的文字表达出来，使读者感觉耳目一新，以引起读者阅读这篇论文的兴趣。题名必须与研究内容相吻合，应针对一个较小的命题深入研究并获得创新成果。

创意是创造意识或创新意识的简称，它是指对现实存在事物的理解以及认知所衍生出的一种新的抽象思维和行为潜能。创新点指的是区别于其他同类作品并且具备原创性的一种特点，是在前人的基础上乃至高于前人的研究上得出的一种独到观点。换言之，创新点也就是见人所未见，发人所未发。因此，题目中必须包含创新点以与同类论文相区别，且用于彰显自己论文的独到性和创意性。

2. 文字精练，含义确切

题目必须确切、简练、醒目，要字字斟酌，精益求精，其使用的词汇是关键词选用的主要对象，应具有可检索的实用信息。一般来说最好不要超过 20 个字，大多数过长的题目包含着无用词汇且往往出现在题目的开头，如冠词 A/An/The、表示研究的 Studies on/Investigations on/Observations on，这些词汇对于索引编制毫无用处，最好不用。论文中有实验内容的，题目一定要突出 Experimental，而且要善于使用 of、on、with、by、under 等介词。

题目的文字虽以简练为妙，但意义明确更为重要。作者一般先拟定多个备选题目，待论文写成后再重新考虑确定题目，根据论文中心内容加以斟酌比较。如果题目不能完全阐明论文的主题，可以增加副标题，以对总标题的内容加以说明或补充。但是副标题会大大增加题目的总字数，科技论文习惯上多不采用。

3. 题不成句，标示主题

题名是词汇的逻辑组合，而不是一个完整的句子。题名所用每一词语必须考虑到有助于选定关键词和编制题录、索引等二次文献可以提供检索的特定实用信息。题名只起标示作用，不作判断式结论。题不成句是编写科技论文题名的一个重要原则，一般只采用名词、形容词、介词、冠词和连词作为题名要素，不使用包含主语、谓语和宾语（或表语）的完整句子作为题名。例如"高温热泵是一个重要的研究方向"是一个完整的句子，不可作为题名。

1.1.2 题目拟定注意事项

在拟定标题时，应注意以下几点。

1. 切忌大题小做

科技论文的标题要力戒泛指性的概念，不要大题小做。标题要尽量使用专指性较强的词汇，尽可能提示出所写的具体内容，便于读者在查阅目录索引时决定是否需要研读全文。

2. 不要随意拔高

当我们阅读文献的时候，常常会发现如下论文的题目："……机理的研究""……规律的探究""……理论的揭示"等，但仔细阅读全文，发现文章内容并非属于自己研究所得到的"机理""规律"和"理论"。还有的论文在叙述研究中得到了与前人结果略有不同的实验现象时，便上升高度将其总结为新规律的发现。上述做法不能准确表达论文的原意。

3. 避免使用特殊专业术语

随着科技的发展，每个学科的分工愈来愈细，各专业的交叉、融合虽然很多，但学科自身的专业性日趋精深，产生了许多专业性的术语、符号、代号和表达式等特殊用语。在拟定学术论文的题目时，应尽量避免使用不常见的符号、特殊术语、缩略词、首字母缩写字、字符、代号和公式等，以免影响读者的理解。

1.1.3 经典题目参考

影响世界发展的论文题目选录如表1.1所示。

1.2 摘要

摘要也称文摘，通常位于论文题目与正义之间，对整个论文内容起到概述的作用，要求短、精、完整，可几十字，以不超过300字为宜。研究生学位论文摘要的字数可多一些，在1 000～2 000字之间。摘要不宜先写，建议在正文撰写完成后再写。

摘要是对论文的内容不加注释和评论的简短陈述，是文章内容的高度概括，主要包括目的、方法、结果和结论（也称为摘要四要素），其中重点是结果和结论，如表1.2所示。撰写论文的目的是阐明研究的目的和意义，澄清研究的必要性，可以涉及背景描述，但要高度概括，也可不写背景，直接写本文所做的工作；方法是指本论文研究所采用的试验材料、设计及方法，但通常不包括众所周知的计算或测量方法细节；结果部分简要说明论文中最主要的新结果、新发现、新见解，特别地要突出最吸引人的发现，如效率、百分比和性能提升等数据；结论部分是对结果的分析、研究、比较、评价和应用，以及提出的课题、假设、启发、建议、预测等。也有的摘要涵盖其他内容，尽管不属于研究、调查的主要目的，但就其情报价值而言也是重要的信息。

表 1.1 影响世界发展的论文题目选录

序号	作者	题目	文献源	历史意义
1	J. C. Maxwell	On Governors	Proceedings of the Royal Society of London, 16: 270-283(1868)	提出非线性系统的线性化处理方法，引入了运动稳定性的概念，并给出了低阶系统稳定性的判别条件
2	A. Einstein	Zur Elektrodynamik bewegter Körper (On The Electrodynamics of Moving Bodies)	Ann. Phys., 322: 891-921 (1905)	提出狭义相对论，预言了牛顿经典物理学所没有的一些新效应（相对论效应），如时间膨胀、长度收缩、横向多普勒效应、质速关系、质能关系等，引领了现代物理学的发展方向
3	Alexander Fleming, F. R. C. S	On the Antibacterial Action of Cultures of a Penicillium, with Special Reference to their Use in the Isolation of B. influenzae	British Journal of Experimental Pathology, 10(3): 226-236 (1929)	首次描述了青霉菌培养物对细菌的抑制作用，并奠定了抗生素发现和应用的基础，获1945年的诺贝尔生理学或医学奖
4	J. Nash	Non-Cooperative Games	普林斯顿博士论文, 1950	提出了纳什均衡的概念和均衡存在定理，对博弈论和经济学产生了重大影响，获得1994年诺贝尔经济学奖
5	J. D.Watson, F.H. C. Crick	Molecular Structure of Nucleic Acids: A Structure for Deoxyribose Nucleic Acid	Nature, 171: 737–738 (1953)	发现DNA双螺旋结构的成果，为"核酸分子结构及其对生物中信息传递的意义"作出了贡献，获1962年诺贝尔生理学或医学奖

续表

序号	作者	题目	文献源	历史意义
6	T. D. Lee, C. N. Yang	Question of Parity Conservation in Weak Interactions	Phys. Rev., 104(1): 254-258 (1956)	弱力下的宇称不守恒，产生的正物质稍多于反物质，这个世界才得以存在，1957年获得诺贝尔物理学奖
7	龚岳亭等人	结晶牛胰岛素的全合成	科学通报，(11): 941-945 (1965)	解决了胰岛素供应的难题，为糖尿病患者提供了可靠的治疗药物，并展示了化学合成在生物医学领域的巨大潜力
8	K. C. Kao, G. A. Hockham	Dielectric-fibre Surface Waveguides for Optical Frequencies	PIEE, 113(7): 1151-1158 (1966)	奠定了光纤通信的基础，2009年获诺贝尔物理学奖
9	屠呦呦等人	中药青蒿化学成分的研究 I	药学学报，16(5): 366-370 (1981)	全面研究和揭示了植物青蒿中的青蒿素及其他倍半萜内酯类化合物，以及新化合物青蒿甲素和青蒿丙素，为进一步确定青蒿素为主要抗疟成分起到了重要作用，2015年获诺贝尔生理学或医学奖
10	K. S. Novoselov, A. L. Geim, et al	Electric Field Effect in Atomically Thin Carbon Films	Science, 306: 666-669 (2004)	首次观测到石墨烯材料的电场效应，并揭示了二维材料在电子学领域的巨大潜力，2010年获得了诺贝尔物理学奖

表 1.2　摘要要素

摘要要素	主要内容
目的	研究、研制、调查等的前提、目的和任务以及所涉及的主题范围
方法	涉及的原理、理论、条件、对象、材料、工艺、结构、手段、装备、程序等
结果	课题的结果、数据，被确定的关系，观察的结果，得到的效果、性能等
结论	结果的分析、研究、比较、评价、应用，以及提出假设、启发、建议、预测等
其他	不属于研究、研制、调查的主要目的，但就其见识和情报价值而言也是重要的信息

有人把摘要比喻为"筛选机"，因为一段好的摘要能让读者迅速对论文的目的、方法、结果和结论有一个概括的了解，读者可依据摘要中提供的信息来决定是否有必要详细阅读整篇论文，尤其在摘要与论文分开发表（注：即摘要独立存在）时更是如此。因此，规范的摘要是一篇科技论文浓缩的精华，有利于读者在短时间内了解全文。目前许多检索系统和在线数据库仅免费提供科技论文的题目和摘要，因此读者正是通过预览论文摘要来评判论文的质量和可读性，从而决定是否有阅读全文的必要性。高质量的科技论文摘要在很大程度上对论文的被检索次数、被引用次数和被收录情况等方面起到积极的作用，因而科技论文摘要的重要性不亚于全文。

1.2.1　摘要的性质

科技论文的摘要一般具有以下性质。

1. 独立性

摘要不是论文的广告词，也不是论文的开场白。摘要是完整的短文，可以作为二次文献独立使用。

2. 全息性

摘要的全息性是指摘要必须反映论文的全部信息。全息性又称自含性或自明性，即不阅读论文的全文就可以从摘要中获得必要的信息。

3. 简明性

摘要应该言简意赅，用字精练，少则几十字，多则两三百字，通常以不超过论文正文字数的 5% 为宜。要实现简明，必须淡化对研究背景、基础理论和基本技术的描述，突出对论文创新点的阐述。一般地，摘要不分段、无图表、无公式、不标注和引用参考文献，当然这些规定也不是完全绝对的，比如土耳其学者 Erdal Arkan 在其那篇奠定 5G 通信基础的有关极化码的论文摘要中就使用了大量的公式符号[1]，这跟学科类别也有关系。再比如，屠呦呦在其获诺贝尔奖的关键论文摘要中[2]，通过"有专文报道"五个字引用了四篇文献。此处所提的原则，是从摘要的可读性、完整性方面考虑的，不建议在摘要中使用公式、特殊符号或参考文献。

4. 可检索性

对题名、关键词和摘要的检索是三种不同层次的检索：题名检索是标签式检索，关键词检索是条目式检索，摘要检索是短文式检索。一些优秀的科技论文由于摘要编写不当未被选入检索系统，错失了被读者阅读的机会。有些科技论文作者习惯于用套话与虚话编写摘要，如介绍技术背景、分析工作原理、给出实验结论、指出发展方向等，但没有概括论文的中心内容，没有突出论文的创新点，摘要形同虚设。

---

[1] ARIKAN E. Channel polarization: A method for constructing capacity-achieving codes for symmetric binary-input memoryless channels [J]. IEEE International Symposium on Information Theory, 2009, 55: 3051-3073.

[2] 屠呦呦, 倪慕云, 钟裕荣, 等. 中药青蒿化学成分的研究I[J]. 药学学报, 1981(5): 366-370.

1.2.2 摘要的分类

1. 报道性摘要

报道性摘要一般用来反映论文的研究目的、方法、主要结果和结论，其中方法、结果和结论部分宜详细撰写，研究目的根据具体情况也可以省略。同时可以简单撰写不属于研究、研制、调查的主要目的，但就其情报价值而言也是重要信息的其他内容。报道性摘要需要简明且全面地概括文献内容，尽量提供定量或定性信息，尤其是创新性内容，字数一般控制在 400 字左右。此类摘要适用于具有创新性和前沿性的研究类学术论文。

2. 指示性摘要

指示性摘要通常主要概括性地介绍文章的主要内容，其中研究目的宜详细撰写，一般以简短的语言高度概括论文的主题和取得的成果，字数以200字左右为宜。此类摘要通常适用于创新性内容较少的综述类论文。

3. 报道/指示性摘要

此类摘要兼顾上述两类摘要的特点，常以报道性摘要的形式阐述文献中信息价值较高的部分，以指示性摘要的形式阐述其余内容，字数一般为 400 字左右。此类摘要既适用于研究性学术论文，又适用于综述类论文。

综上所述，建议学术类论文采用报道性摘要形式，综述类论文采用指示性摘要形式。

1.2.3 中英文摘要的异同

英文摘要的内容要求与中文摘要一样，主要包括目的、方法、结果和结论四部分。但是英文有自身特点，最主要的是中译英时往往造成所占篇幅较长，同样内容的一段文字，若用英文来描述，所占版面可能比中文多一倍。因此，撰写英文摘要更应注意简洁明了，力争用最短的篇幅提供最主要的信息。这就要求对所掌握的资料进行精心筛选，不属于上述"四部分"的内容不必写入摘要。对属于"四部分"的内容，也应适当取舍，做到简明扼要，不能包罗万象。比如"目的"，在多数标题中就已初步阐明，若无更深一层的目的，完全不必重复叙述；再如"方法"，有些在国外可能早已成为常规方法，在撰写英文摘要时只需写出方法名称，而不必描述其操作步骤。

中英文摘要的一致性主要是指内容方面的一致性。目前对这个问题的认识存在两个误区：一是认为中英文摘要的内容"差不多就行"，因此在英文摘要中随意删去中文摘要的重点内容，或随意增补中文摘要未提及的内容，这样很容易造成文章的重心转移，甚至偏离主题；二是认为英文摘要是中文摘要的硬性对译，中文摘要中的每一个字都不能遗漏，这往往使英文摘要用词累赘、重复，显得拖沓、冗长。英文摘要应严格、全面地表达中文摘要的内容，不能随意删减，但这并不意味着一个字也不能改动，具体撰写方式应遵循英文语法修辞规则，符合英文专业术语规范，并照顾到英文的表达习惯。

1.2.4　经典摘要评析

1. 一个字摘要

Yes.

——J. K. Gardner and L. Knopoff, Bulletin of the Seismological Society of America,1974, 64(5):1363 –1367

本文的题目是一个问句，"Is the sequence of earthquakes in Southern California, with aftershocks removed, Poissonian?"摘要中的"Yes"恰是对论文题目的回答。这篇论文至今已被引用 1 400 余次。从整体来看，这是一篇不错的论文，但它的摘要过于特立独行，并不建议效仿。

2. 短摘要

The question of parity conservation in β decays and in hyperon and meson decays is examined. Possible experiments are suggested which might test parity conservation in these interactions.

——T. D. LEE and C. N. Yang, Physical Review, 1956, 104(1):254-258

这是李政道和杨振宁在美国《物理评论》上共同发表的论文《弱相互作用中的宇称守恒质疑》的摘要，只有两句话，第一句话表明做了什么（what do），相当于目的和方法，但方法没有具体说明；第二句话得出结论，会怎么样（so what），为未来的研究指明方向，也没有谈检验的结果是什么。吴健雄1957年同在《物理评论》上发表的文章①称，李和杨的论文得出结论，"...there is no existing evidence either to supoortor to refute parity convservation in weak interactions"。这样看来，李和杨的论文摘要如此简洁最为恰当，首先表达出了对宇称守恒的质疑，并建议了可能证实的实验方法，再多的语言只会影响摘要的简洁性。

3. 四要素摘要

[目的] 基于数据挖掘探讨温病代表医家叶天士、薛生白、吴鞠通及王孟英四人对虚劳病的辨治及用药规律，以期为此病的治疗提供更多参考。[方法] 通过收集并整理四位温病医家医案中"虚劳"篇或"劳伤"篇所载的首诊及复诊处方，建立数据库，运用 SPSS Modeler 18.0、SPSS Statistics 25.0 及中医传承计算平台软件（V3.0），分析药物频次、性味归经、功效、高频药物组合，并进行关联规则及聚类分析。[结果] 筛选处方共计 295 首，涉及中药 166 味，高频药物 28 味（频次＞20 次）；四气以温、平为主；五味以甘味为主；归经以入肾、脾经为主；药物以补虚药最多，其中补气药＞补血药＞

---

① WU C S, AMBLER E, HAYWARD R W, et al. Experimental Test of Parity Conservation in Beta Decay[J]. Phys. Rev., 1957, 105(4): 1413-1417.

补阴药＞补阳药，其次为利水渗湿药、收涩药；得出高频药物组合28组（频次30次）；药物关联规则8条；5个聚类方。[结论]温病医家以甘温之品从脾肾入手辨治虚劳，重在补益中焦气血，对于后期阴阳亏虚明显者，填补肾之阴阳。善以血肉有情之品从补益奇经论治，补益同时注重收涩药的运用，补涩兼顾。尤其对于真阴耗竭之证，创"甘寒育阴"法以填补真阴，为温病医家辨治虚劳的特色所在。

——沈云博等人，浙江中医药大学学报2022年6月第46卷第6期

《浙江中医药大学学报》编辑部从2014年1月起要求投稿论文摘要一律按照"四要素"结构式摘要的要求撰写，即正文前附中文摘要，且应明确包含目的、方法、结果、结论四要素。这是沈云博等人发表在《浙江中医药大学学报》上的一篇文章，四要素俱全，而且重点内容体现在结果和结论上，结果注重定量描述，结论侧重定性描述。目前，论文摘要的写作普遍存在着撰写格式不规范、随意性较大，以及详简度偏低等现象，但中华医学系列期刊大都明确要求投稿论文使用"四要素"结构式摘要。

由于"四要素"结构式摘要能全面反映论文的实质，部分学者认为"四要素"结构式摘要可代替原文供专家进行学术评审，可减轻外审专家审稿负担，缩短论文刊发周期。从作者角度来说，采用"四要素"结构式摘要，可以更清晰地让读者知晓论文主旨。

4. 纳什博士论文摘要

This paper introduce the concept of a non-cooperative game and develops methods for the mathematical analysis of such game. The games considered are n-person games represented by means of pure strategies and pay-off functions defined for the combinations of pure strategies. [研究对象是由纯策略和支付函数定义的n人博弈。]

The distinction between cooperative and non-cooperative games is unrelated to the mathematical description by means of pure strategies and pay-off functions of a game. Rather, it depends on the possibility or impossibility of coalitions, communicatin, and side-payments.

<u>The concepts of an equilibrium point, a solution, a strong solution, a sub-solution, and values</u> are introduced by mathematical definitions. And in later sections the interpretation of those concepts in non-cooperative games is discussed. [研究方法：论文通过数学定义引入了平衡点、解、强解、子解和价值等概念，并讨论了这些概念在非合作博弈中的解释。]

<u>The main mathematical result is the proof of the existance in any game of at least one equilibrium point.</u> Other results concern the geometrical structure of the set of equilibrium points of a game with a solution, the geometry of sub-solutions, and the existance of a symmetrical equilibrium point in a symmetrical game. [主要的数学结果是证明了在任何博弈中都至少存在一个平衡点。另外，论文还探讨了具有解的博弈平衡点集的几何结构、子解的几何结构以及对称博弈的对称平衡点的存在性。]

As an illustration of the possibilities for application a of a simple three-man poker model is included.

——John Nash, Princeton University 博士论文，1950

第一段是目的，引入了非合作博弈的概念，提出了分析这种博弈模型的数学方法，并限定了所提博弈模型的范围，通过纯策略及纯策略的不同组合定义的支付函数表示n人之间的博弈。第二段、第三段是方法，首先明确合作博弈与非合作博弈之间的区别，不在于它们之间数学描述的不同，而是涉事人之间联盟合作、交流及单边支付之间的差异性。接着用数学模型定义了平衡点、解、强解、子解及价值的概念，用这些概念讨论后面章节中非合作博弈所涉及的概念。第四段、第五段是结果，从数学上证实了任何博弈中至少存在一个平衡点。

纳什并未在其论文中提到so what的问题，但是纳什均衡理论的提出意义深远，特别在经济领域，为此获得1994年诺贝尔经济学奖。纳什证明了在每个参与者都只有有限种策略选择并允许混合策略的前提下，纳什均衡一定存在。以两家公司的价格大战为例，纳什均衡意味着两败俱伤的可能：在对方不改变价格的条件下，既不能提价，否则会进一步丧失市场；也不能降价，因为会出现赔本甩卖。于是两家公司可以改变原先的利益格局，通过谈判寻求新的利益评估分摊方案，也就是纳什均衡。

5. Science 例文摘要

CrCoNi-based medium- and high-entropy alloys display outstanding damage tolerance, especially at cryogenic temperatures. In this study, we examined the fracture toughness values of the equiatomic CrCoNi and CrMnFeCoNi alloys at 20 kelvin (K). We found exceptionally high crack-initiation fracture toughnesses of 262 and 459 megapascal-meters$^{1/2}$ (MPa·m$^{1/2}$) for CrMnFeCoNi and CrCoNi, respectively; CrCoNi displayed a crack-growth toughness exceeding 540 MPa·m$^{1/2}$ after 2.25 millimeters of stable cracking. Crack-tip deformation structures at 20 K are quite distinct from those at higher temperatures. They involve nucleation and restricted growth of stacking faults, finenanotwins, and transformed epsilon martensite, with coherent interfaces that can promote both arrest and transmission of dislocations to generate strength and ductility. We believe that these alloys develop fracture resistance through a progressive synergy of deformation mechanisms, dislocation glide, stacking-fault formation, nanotwinning, and phase transformation, which act in concert to prolong strain hardening that simultaneously elevates strength and ductility, leading to exceptional toughness.

——Liu et al., Science, 2022, 378: 978–983

这是英国布里斯托尔大学物理学院副教授刘栋发表在《科学》杂志上的研究论文摘要，中国科学院金属研究所研究员张鹏和张哲峰受《科学》杂志邀请，还为这篇论文撰写了评述文章《在严寒中变得坚强》（Getting tougher in the ultracold）。实验结果显示，CrCoNi合金的裂纹扩展韧性值是有史以来最高的，这个材料在极端寒冷的环境中有非常大的应用价值。我们分析一下这段摘要内容。第一句话，可以说是研究背景，中熵、高熵合金具有良好的低温损伤容限，本文的合作者、来自美国能源部劳伦斯·伯克利国家实验室与橡树岭国家实验室（ORNL）的Robert O. Ritchie和Easo P. George早在2014年就开发出一种叫作铬锰铁钴镍（CrMnFeCoNi）的高熵合金，经检测它不仅是现有记录的最硬材料之一，而且在低温下强度、延展性反而提高，在77 K低温下相对于常温有更好的断裂性能，相关成果也发表在2014年出版的《科学》杂志上，当年他们推断在更低温度下材料的断裂韧性有可能会更好。2014年之后的很长一段时间，美国橡树岭国家实验室也曾尝试更低温的性能测试，但大多以失败告终，甚至有些实验不了了之。这就是第一句话的大背景。在此背景下，第二句话，本文的目的和方法，测试两种等原子比例的CrCoNi中熵合金和CrMnFeCoNi高熵合金在20 K温度条件下的断裂韧性值，目的很清楚——尝试八年前无法实现的设想，方法就是在20 K下进行断裂韧性实验，详细的实验方法未进行阐述，这也是本文的重点。第三句、第四句是结果，用定量的数据证实了当年的设想——更低温度导致更好的断裂韧性。最后一句，总结出中熵、高熵合金抗断裂的内在原因和机制，得出普适的规律性结论。

本摘要先介绍了研究对象的特性和研究意义，然后说明了实验方法和结果，最后通过详细的实验现象和机理解释结果。这种逻辑清晰的结构可以让读者更好地理解论文的研究内容和结果。该摘要特别强调了CrCoNi基合金在低温下具有出色的断裂韧性，并详细介绍了该合金的裂纹扩展韧性，突出了论文的主要研究成果。

6. 奠基光纤通信的那篇论文的摘要

A dielectric fibre with a refractive index higher than its surrounding region is a form of dielectric waveguide which represents a possible medium for the guided transmission of energy at optical frequencies. The particular type of dielectric-fibre waveguide discussed is one with a circular cross-section. The choice of the mode of propagation for a fibre waveguide used for communication purposes is governed by consideration of loss characteristics and information capacity. Dielectric loss, bending loss and radiation loss are discussed, and mode stability, dispersion and power handling are examined with respect to information capacity. Physical-realisation aspects are also discussed. Experimental investigations at both optical and microwave wavelengths are included. [摘要结构紧凑，层次清晰，使读者能够迅速了解文章的重点和亮点。]

——K. C. Kao and G. A. Kockham, Proceedings IEEE, 1966, 113(7): 1151–1158

这篇题为《光频率介质纤维表面波导》的论文首次指出，传输损耗非常低的玻璃纤维可以通过控制玻璃的纯度和成分来得到，并证实玻璃纤维损耗率下降到20 dB/km时，光纤通信即可成功，这为之后的光纤通信奠定了理论基础。1970年，R.D.Mauter和他的同事们在康宁玻璃厂宣布，制成了第一根衰减至20 dB/km的光纤。到1974年，康宁厂达到了损耗为4 dB/km继而是2 dB/km的水平，到1976年，损耗已降至1 dB/km。目前光纤在数据通信和传感器中得到了广泛的应用。

回过头来看这篇摘要，通篇六句话，第一句话相当于背景，也是本文研究的起始设想，就是说，反射指数高于其周围区域的介电纤维有可能成为光频率能量传输的波导介质。事实上，玻璃纤维用于光的传输在高锟1966年发文时已不是新闻，早在1963年就有用砷化镓二极管作光源的通信系统，但当时光在玻璃中的衰减是每公里数千分贝，用玻璃纤维传输光信号不但距离很短，而且价格昂贵。被称为光纤的玻璃光导体在当时已经存在，它由同轴结构的粗芯和薄包层组成，其包层折射率比芯折射率小得多。专家普遍认为，由玻璃材料的电子和分子吸收频带而引起的残余损耗应该低于以大约1 μm为中心波长的频带中固有的散射损耗，而且主要吸收是由杂质元素造成的，基于这些结论，高锟确信，制成一条由光纤介电波导构成的实际传输线路是有可能的。这就是本文的研究背景，文中也最终给出了答案。第二句、第三句话可以说是方法，本文所讨论的介电波导是具有圆形截面的一种特殊类型，而且用于通信的纤维波导的传输模式选择由损失特性和信息容量来确定，这限定了本文研究范围。第四句、第五句话阐述本文做了什么，那就是讨论了介电损耗、弯曲损耗和辐射损耗，以及检验了与信息容量相关的模式稳定性、分散与功率处理，还从物理层面讨论了实现光纤通信的方方面面。第六句，在光学和微波波长方面开展了实验研究。通篇摘要着重阐述了背景和开展的研究工作，未提及实验结果和论文的结果。如果结合论文全文，在其结论中很好地论述了论文的结果与结论："The realisation of a successful fibre waveguide depends, at present, on the availability of suitable low-loss dielectric material. The crucial material problem appears to be one which is difficult but not impossible. Certainly, the required loss figure of around 20 dB/km is much higher than the lower limit of loss figure imposed by fundamental mechanisms."也许是为了避免重复，在摘要中没写。

总体而言，本文摘要对研究的目的、波导特征、考虑因素和实验研究进行了描述，但未明确列举具体的方法和结果，也未提供明确的结论。它为读者提供了该研究的概览，鼓励读者进一步阅读全文以获取更多详细信息。

1.3 引言

引言作为论文的开场白，应介绍论文的写作背景和目的，以及相关领域内前人所做的工作和研究概况，说明本研究与前人工作的关系，目前研究的热点、存在的问题及作者工作的意义，引出本文的主题给读者以引导。引言以引人入胜的方式开始，简要阐明研究工作的背景、目的、相关领域的前人工作或知识空白、理论基础和分析、研究设想、研究方法和实验设计、预期结果和意义等，回答为什么的问题，让读者明白为什么这项研究很重要，激发读者的兴趣。引言作为科技论文的导读，一方面可以让读者快速了解该领域的研究进展和空白，另一方面可以帮助读者了解作者的写作思路，进而有选择性地阅读正文的关键内容。引言应言简意赅，不等同于摘要，更不是摘要的诠释。

1.3.1 科技论文引言的特性

1. 针对性

引言要有针对性，它可起到拓展摘要、呼应全文、开宗明义的作用。编写引言既不能与摘要雷同，也不能照搬正文中的部分叙述，而是必须围绕命题的核心内容、阐述背景与现状，引出研究对象、交代研究思路、提示预期结果。

2. 逻辑性

引言要有逻辑性，起到举纲张目的作用。"举纲"就是提出论文的主题，明确论文论述的核心内容；"张目"就是提出论文的要点，引出正文论述的脉络。

3. 叙述性

引言的写作特点是不论不析，即只叙述、不论证、不分析。引言的写作类似于"讲故事"，以叙述性的行文手法，交代研究背景，表明作者意图，提出论文要点。引言中一般不用公式和图表，一些熟知的基本理论、经典方程和基础实验等也不必在引言中描述。

除此之外，引言部分务必要做到如下事实：厘清论文研究的来源，即为什么要做；阐述本论文与前人工作的不同之处，即别人研究过了什么，而没有考虑什么或没有研究什么；论述别人的工作时，引用的文献要注意，50%是近五年的、30%是近三年的、10%是当年的，不要刻意引用自己的论文；不要引用不相关的文献或者将多篇文献一笔带过，更不要批评和否定前人的工作；不要罗列、堆叠所引用的文献，要有层次感。

1.3.2 引言范例评析

1. 爱因斯坦狭义相对论一文的引言赏析

It is known that Maxwell's electrodynamics—as usually understood at the present time—when applied to moving bodies, leads to asymmetries which do not appear to be inherent in the phenomena. <u>Take for example, the reciprocal electrodynamic action of a magnet and a conductor.</u> [从人们熟知的现象入手分析问题，磁体和导体之间的相互作用，这是一种广为人知的现象。] The observable phenomenon here depends only on the relative motion of the conductor and the magnet, whereas the customary view draws a sharp distinction between the two cases in which either the one or the other of these bodies is in motion. For if the magnet is in motion and the conductor at rest, there arises in the neighbourhood of the magnet an electric field with a certain definite energy, producing a current at the places where parts of the conductor are situated. But if the magnet is stationary and the conductor in motion, no electric field arises in the neighbourhood of the magnet. In the conductor, however, we find an electromotive force, to which in itself there is no corresponding energy, but which gives rise—assuming equality of relative motion in the two cases discussed—to electric currents of the same path and intensity as those produced by the electric forces in the former case.

Examples of this sort, together with the unsuccessful attempts to discover any motion of the earth relatively to the "light medium" suggest that the phenomena of electrodynamics as well as of mechanics possess no properties corresponding to the idea of absolute rest. They suggest rather that, as has already been shown to the first order of small quantities, the same laws of electrodynamics and optics will be valid for all frames of reference for which the equations of mechanics hold good. We will raise this conjecture (the purpor of whic will hereafter be called the "Principle of Relativity") [提出假设或猜想：相对性原理和光速不变原理，这些原理成为他所发展的相对论的基础。] to the status of a postulate, and also introduce another postulate, which is only apparently irreconcilable with the former, namely, that light is always propagated in empty space with a definite velocity c which is independent of the state of motion of the emitting body. These two postulates suffice for the attainment of a simple and consistent theory of the electrodynamics of moving bodies based on Maxwell's theory for stationary bodies. The introduction of a "luminiferous ether" will prove to be superfluous inasmuch as the view here to be developed will not require an "absolutely stationary space" provided with special properties, nor assign a velocity-vector to a point of the empty space in which electromagnetic processes take place. [假设或猜想的含义。解释了相对性原理和光速不变原理所代表的思想，即没有绝对静止的参照系，光速是一个不变的常数。]

  The theory to be developed [假设或猜想的影响。这些原理有助于建立一种简单而一致的电动力学理论。] is based—like all electrodynamics— on the kinematics of the rigid body, since the assertions of any such theory have to do with the relationships between rigid bodies (systems of coordinates), clocks, and electromagnetic processes. Insufficient consideration of this circumstance lies at the root of the difficulties which the electrodynamics of moving bodies at present encounters.

——A. Einstein, Ann. Phys., 1905, 322: 891-921

爱因斯坦采用了一种非常有效的写作方式。首先以一个已知现象作为入口，磁体和导体之间的相互作用是一种广为人知的现象，很容易引起读者的兴趣。接着指出了这个已知现象存在的问题或矛盾，即 Maxwell 电动力学应用于运动体时，存在一些看起来与现象本身无关的不对称性。例如，磁铁和导体之间的相互作用，观察到的现象只取决于导体和磁铁的相对运动，但是通常的观点在磁铁和导体分别运动和静止的两种情况下会引入不同的解释和分析方式。由此就引出一个假设——相对性原理和光速不变原理，这些原理成为他所发展的相对论的基础。最后，引言指出，所提假设将有助于建立一种简单而一致的电动力学理论。

本引言能够很好地引导读者进入论文的主题，并清晰地阐明了作者的思想。

2. 信息论开山之作的引言赏析

The recent development of various methods of modulation such as PCM and PPM which exchange bandwidth for signal-to-noise ratio has intensified the interest in a general theory of communication. A basis for such a theory is contained in the important papers of Nyquistl and Hartley on this subject. In the present paper we will extend the theory to include a number of new factors, [写作目的] in particular the effect of noise in the channel, and the savings possible due to the statistical structure of the original message and due to the nature of the final destination of the information.

The fundamental problem of communication is that of reproducing at one point either exactly or approximately a message selected at another point. Frequently the messages have meaning; that is they refer to or are correlated according to some system with certain physical or conceptual entities. These semantic aspects of communication are irrelevant to the engineering problem. The significant aspect is that the actual message is one selected from a set of possible messages. The system must be designed to operate for each possible selection, not just the one which will actually be chosen since this is unknown at the time of design. [通信基本问题]

If the number of messages in the set is finite then this number or any monotonic function of this number can be regarded as a measure of the information produced when one message is chosen from the set, all choices being equally likely. As was pointed out by Hartley the most natural choice is the logarithmic function. Although this definition must be generalized considerably when we consider the influence of the statistics of the message and when we have a continuous range of messages, we will in all cases use an essentially logarithmic measure. [通过信息度量手段解释信息]

The logarithmic measure is more convenient for various reasons:

1. It is practically more useful. Parameters of engineering importance such as time, bandwidth, number of relays, etc., tend to vary linearly with the logarithm of the number of possibilities. For example, adding one relay to a group doubles the number of possible states of the relays. It adds 1 to the base 2 logarithm of this number. Doubling the time roughly squares the number of possible messages, or doubles the logarithm, etc.

2. It is nearer to our intuitive feeling as to the proper measure. This is closely related to (1) since we intuitively measures entities by linear comparison with common standards. One feels, for example, that two punched cards should have twice the capacity of one for information storage, and two identical channels twice the capacity of one for transmitting information.

3. It is mathematically more suitable. Many of the limiting operations are simple in terms of the logarithm but would require clumsy restatement in terms of the number of possibilities.

The choice of a logarithmic base corresponds to the choice of a unit for measuring information. If the base 2 is used the resulting units may be called binary digits, or more briefly bits, a word suggested by J. W. Tukey. A device with two stable positions, such as a relay or a flip-flop circuit, can store one bit of information. N such devices can store N bits, since the total number of possible states is 2^N and $\log_2 2^N = N$. If the base 10 is used the units may be called decimal digits. Since

$$\log_2 M = \lg M / \lg 2 = 3.32 \lg M$$

a decimal digit is about $3\frac{1}{3}$ bits. A digit wheel on a desk computing machine has ten stable positions and therefore has a storage capacity of one decimal digit. In analytical work where integration and differentiation are involved the base e is sometimes useful. The resulting units of information will be called natural units. Change from the base a to base b merely requires multiplication by $\log_b a$. By a communication system we will mean a system of the type indicated schematically in Fig. 1.2. It consists of essentially five parts: [通信系统构成]

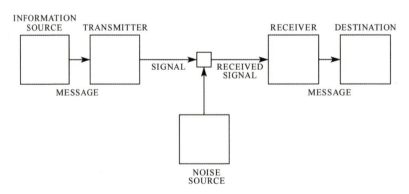

图1.2　Schematic diagram of a general communication system

1. *An information source* which produces a message or sequence of messages to be communicated to the receiving terminal. The message may be of various types:

(a) A sequence of letters as in a telegraph of teletype system; (b) A single function of time $f(t)$ as in radio or telephony; (c) A function of time and other variables as in black and white television—here the message may be thought of as a function $f(x, y, t)$ of two space coordinates and time, the light intensity at point (x, y) and time t on a pickup tube plate; (d) Two or more functions of time, say $f(t), g(t), h(t)$—this is the case in "three-dimensional" sound transmission or if the system is intended to service several individual channels in multiplex; (e) Several functions of several variables—in color television the message consists of three functions $f(x, y, t), g(x, y, t), h(x, y, t)$ defined in a three-dimensional continuum—we may also think of these three functions as components of a vector field defined in the region —similarly, several black and white television sources would produce "messages" consisting of a number of functions of three variables; (f) Various combinations also occur, for example in television with an associated audio channel.

2. *A transmitter* which operates on the message in some way to produce a signal suitable for transmission over the channel. In telephony this operation consists merely of changing sound pressure into a proportional electrical current. In telegraphy we have an encoding operation which produces a sequence of dots, dashes and spaces on the channel corresponding to the message. In a multiplex PCM system the different speech functions must be sampled, compressed, quantized and encoded, and finally interleaved properly to construct the signal. Vocoder systems, television and frequency modulation are other examples of complex operations applied to the message to obtain the signal.

3. *The channel* is merely the medium used to transmit the signal from transmitter to receiver. It may be a pair of wires, a coaxial cable,a band of radio frequencies, abeam of light, etc.

4. *The receiver* ordinarily performs the inverse operation of that done by the

transmitter, reconstructing the message from the signal.

5. *The destination* is the person (or thing) for whom the message is intended.

We wish to consider certain general problems involving communication systems. [构建通信理论] To do this it is first necessary to represent the various elements involved as mathematical entities, suitably idealized from their physical counterparts. We may roughly classify communication systems into three main categories: discrete, continuous and mixed. [通信系统分类] By a discrete system we will mean one in which both the message and the signal are a sequence of discrete symbols. A typical case is telegraphy where the message is a sequence of letters and the signal a sequence of dots, dashes and spaces. A continuous system is one in which the message and signal are both treated as continuous functions, e.g., radio or television. A mixed system is one in which both discrete and continuous variables appear, e.g., PCM transmission of speech.

We first consider the discrete case. This case has applications not only in communication theory, but also in the theory of computing machines, the design of telephone exchanges and other fields. In addition the discrete case forms a foundation for the continuous and mixed cases which will be treated in the second half of the paper.

——C. E. Shannon, The Bell System Technical Journal, 1948, 27(3):379-423

（1）写作目的：PCM和PPM等通过带宽换取信噪比的调制技术的出现需要更加普适的理论，前人（比如奈奎斯特和哈特莱）研究过一些相关的理论，他们的研究已经奠定了很好的基础（但仍有欠缺），本文主要补充几个方面，尤其是噪声对信道的影响、源消息的统计特性和受信者特性所引起的资源节省。

（2）通信基本问题：通信研究的基本问题是在一端（准确或近似）重现从另一端选择的消息。通信的语义层面和具体的工程问题是无关的，关键是如何从一个可能的集合中进行选择。

（3）解释信息：并没有给出信息的定义，而是通过介绍信息是如何度量的从侧面去描述信息。香农认为可以通过消息源消息集合中的消息数或者其他和这个消息数单调的函数来度量信息（这个信息是从消息集合中选择一个消息的时候所产生的，并且假设每个选择是等可能的）。可见，这里的信息非常抽象。通俗来讲，信息是针对通信系统而言的，并且带有时间属性，是消息的一个属性，依存于消息，是受信者对消息所带来的确定性的衡量。文中香农引用前人使用的对数来度量信息，并且阐述了相关的好处，提出对数的底数就是信息的单位这种很棒的论述。

（4）通信系统构成：通信系统是像图1.2这样的系统，由5个部分组成：

- 信源。它是产生消息的。消息有各种各样的形式，如字母序列、无线电和电话、电视信号等。
- 发送器。发送器负责将消息转变为能够在信道上传输的合适的信号，比如电话中的发送器负责将声压转变为电流。
- 信道。信道就是将信号从发送器发送到接收器的媒介，可能是双绞线、同轴电缆、一束光或者一个无线电频带等等。
- 接收器。它基本上是发送器的逆过程，负责从信号中重建出消息。
- 受信者。它是消息要发送的目的地。

（5）通信系统分类：通信系统分成三类，即连续、离散和混合。分类的标准是消息和信号的类型。离散系统就是消息和信号都是离散符号的序列，比如电报，消息是字母序列，信号是点、破折号和空格的序列。一个连续系统，消息和信号都是连续的，比如无线电和电视。混合系统，就是离散和连续变量都出现的系统，比如PCM语音传输。

（6）本文主要内容简介。

这篇引言介绍了一个重要的通信理论，旨在解决通信中的基本问题：如何在不同地点之间进行信息传递。文章指出，通信系统应该被设计成适用于任何可能的信息选择，而不仅仅设计已知的信息选择。

文章进一步解释了如何度量信息。如果信息集合是有限的，可以将信息的度量值视为选择一个信息时所产生的信息量，其中所有的选择都是等可能的。作者指出，哈特莱最自然的选择是使用对数函数，因为这样的度量更加实用、更接近直觉和更适用于数学推导。如果使用基数为2，那么结果单位可以称为"比特"，一个两态开关可以存储一个比特的信息。如果使用基数为10，那么结果单位可以称为"十进位数字"。通信系统由信息源、编码器、通信信道、解码器和接收器等部分组成。

该引言思路清晰，表述明确，逻辑连贯，信息量丰富。

1.4 论文主体

论文主体是容量最大、字数最多的部分，主要包括以下三个部分：阐述研究的实验、理论和数值方法（注意方法之间的相互印证）；分析、讨论所得结果（特别是对图和表的说明）；得出有科学价值的结论。

通过引言中对研究现状的综述提出具有研究价值的科学问题，用实验或其他一系列技术手段研究该问题，进而得到研究结果，最后对结果进行分析得到研究结论。由此可知论文主体是上承引言下启结论的关键部分，这一部分是作者科研成果的具体反映和表述。

1.4.1 研究方法

在论文中谈到的所有方法或观点都要有一定的根据，比如使用了哪种方法，要说明为什么使用这种方法，对于软件里的参数要说明是如何设置的。如果该方法从未有人使用过，作者应尽可能详细地描述该方法；如果该方法已经在现有的期刊上发表过，那么就要严格标注引用的参考文献。对于读者已经熟知的方法，仅仅给出参考文献即可；对于读者不易在参考文献获得的方法，作者应该详细描述。不要让审稿人去猜测作者想要表达的本意，这样容易造成误解。比如在一级学科"动力工程及工程热物理"中存在流动传热数值计算研究，有时需要选择湍流模型，这就要说明选择该模型的依据。只有让审稿人或者读者读完之后觉得作者的结果不具有偶然性，而具有很强的可重复性，这样的结果才具有可靠性。

就实验而言，足够多的细节描述能够让读者有机会评价实验本身的合理性和有效性，从而对实验进行评估。即使论文研究取得了非同凡响的结果，一旦文章对实验细节描述得不够充分，且研究内容的可重复性又让审稿人怀疑的话，同样会面临被拒稿的可能。另外，不具有可重复性的研究是不具有科学价值的。

总之，撰写实验方法部分时总体要把握重点突出，详略得当。实验技术和方法的介绍，既便于为其他研究者提供一个可重复研究的蓝图，又可以提高读者对该研究设计及其结果可靠性的信任程度。

- M. C. Flemings 创立半固态工艺的论文实验方案。

A high temperature Couette viscometer was constructed, with accurate independent temperature control for viscosity measurements, Fig.1.3. The liquid or liquid-solid mixture resides in an annular space between an outer cylinder (cup) and inner cylinder (bob). Rotation of the cup while holding the bob stationary produces shear stresses on the surface of the bob which are measured as a torsional force. Apparent viscosity is then calculated as described in Appendix B. Diameters of the cup and bob are approximately 6.05 cm and 4.45 cm, respectively. Length of the bob is 8.90 cm. Both cup and bob were machined from 304 stainless steel. Ribs approximately $\frac{3}{16}$ in. sq were machined along the faces of the cup and bob to eliminate slip between the sample and the cylinder walls. The cup sits inside a large stainless steel container which is attached to the top of a 2 in. vertical rotating shaft. The shaft is driven by a variable speed DC motor; rotation speed can be varied from 0.04 rpm to 1 000 rpm. Rotating thermocouple leads in the cup pass down through the hollow vertical shaft and connect to a highly sensitive armature and brush assembly. Stationary thermocouples are positioned in the bob. The viscometer resides within a controlled temperature resistance heated furnace.

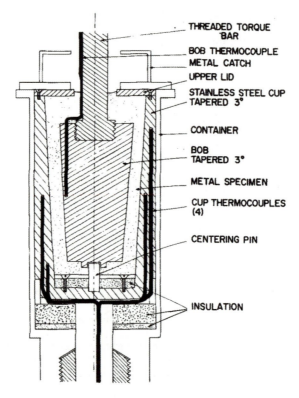

图 1.3　黏度测试示意图

Low values of torque exerted on the bob, from 10^3 to 10^7 dyne · cm, were detected using a torque dynamometer which combines a flexure pivot with a microsyn and rotor. The flexure pivot converts torque to an angular deflection and the microsyn and rotor transpose this angular deflection into a calibrated voltage output. High values of torque, from 10^6 to 10^9 dyne · cm, were measured by means of strain gages attached to a torque bar. These measuring devices were used in series to give continuous measurement of torque over 6 orders of magnitude.

The alloy used throughout the work was Sn-15 pct Pb which was prepared by melting high purity (99.9 pct) tin and lead in a resistance furnace. The melt was stirred for homogeneity and cast into the annulus between the cup and bob where it was allowed to solidify. In the first series of tests, the alloy in the annulus was melted and then allowed to partially solidify before shear was initiated. In the second series it was melted and then shearing was conducted continuously during cooling from above the liquidus. After testing, rotation was stopped, the furnace doors were opened and the external surface of the viscometer was water cooled. The specimen was then removed, sectioned and examined metallographically.

——D. B. Spencer, R. Mehrabian, and M. C. Flemings, Metallurgical and Materials Transactions B, 1972, 3: 1925 – 1932

以上内容展示了一个非常详细的实验方法的描述。首先，研究人员构建了一个高温库仑黏度计，并对其进行了精确的温度控制，以便对黏度进行测量。其次，实验中采用的样品为经过特殊处理的Sn-15pctPb合金，而对其黏度进行测试的方式是通过旋转内外筒产生剪切力来测量外筒表面的扭矩，然后根据扭矩大小计算黏度。最后，实验中还使用了多种测量设备，并进行了样品的金相分析。该实验方法的详细描述可以为其他研究者提供参考，同时也为研究者提供了一个良好的实验方法描述范例，以确保实验的可重复性和精度。

1.4.2 结果与讨论

科技论文是科学交流的媒介，优秀的科技工作者需要将高质量的科研成果用恰当合理的语句展现出来，让更多的人知道并理解该研究成果。也就是说，优美的科技论文和高质量的研究结果相得益彰。对实验结果应该进行分析、比较，综合叙述，提出新观点，引用论据来证明其科学性、真实性和可行性。

引经据典、分析讨论，这是不可或缺的，而且论据要充分、有理。有的论文，经过审稿发现，实验数据丰富，实验事实可靠，做了许多图表，但是作者没有分析，缺乏理论论证，没有提出创新性观点或假说，就不能称其为论文，充其量是一篇试验报告。

科学理论由概念、公式、模型、定律或规律等元素组成。理论中的这些元素不是简单的堆砌，而是整合，是用逻辑链条将其有机地联系在一起的系统的理论知识。分析论证要反复推敲、修改，不能一蹴而就。好的论文不是一次性写出来的，而是经过不断修改出来的。翔实、丰富的实验数据是论文的基础资料，是论文的论据。撰写论文需客观、真实地反映客观现象，扎实地分析、总结实验结果和数据，不能造假、不能歪曲，否则难以形成正确的理论。

比起文字，图表更易吸引读者，更能让读者轻松理解作者的研究内容和研究结果。我们将在第4章和第6章中详细说明图和表的制作、排版的具体内容。在撰写文本的过程中一定要避免重复、力求简洁，读者能够从图表中明白的内容无须再用文字赘述一遍，而是要把读者的注意力引向研究的重要发现上。用图或表的形式将结果呈现出来之后，作者要对现象背后的机理或机制进行解释，引导读者逐步深入阅读。另外，作者在写作过程中，要始终清楚地认识到自己在向读者传达的内容，读者通过阅读你的文章能够产生哪些思考。如果读者最终在你的文章中有所收获，说明你创作了一篇有价值的科技论文。

实验结果是对研究中所发现的重要现象的归纳，论文的讨论由此引发，对问题的判断推理由此导出，全文的一切结论由此得到。作者要指明结果在哪些图表公式中给出，对结果进行说明、解释，并与模型或他人结果进行比较。作者应以文字叙述的方式直接告诉读者这些数据呈现何种趋势、有何意义，不能仅在图表中列出一大堆数据而让读者自己解读。

讨论的重点包括论文内容的可靠性、外延性、创新性和可用性。作者要回答引言中所提出的问题，评估研究结果所蕴含的意义，用结果去论证所提问题的答案，讨论部分写得好可充分体现论文的价值。结果常与讨论合并在一节。

"讨论"是科技论文的核心部分，其目的是解释现象、分析原因、阐述观点、说明研究结果的含义，以及为后续的研究提供建议。"讨论"被看作是衡量一篇论文优劣的重要标尺，最能反映出作者所掌握的文献量以及对某一学术问题理解的深度。

总之，结果应该清晰、准确地呈现实验或研究所得到的数据、数字或图表，并根据需要附上相关的统计分析。同时，应该注意结果的可重复性和可验证性，以便其他研究人员能够重新分析和验证该研究。讨论部分应该对结果进行解释和分析，并与现有文献和理论联系起来。在讨论部分，研究人员可以进一步探讨实验或研究中所发现的问题，提出解释和解决问题的可能性，并讨论结果的局限性和未来的研究方向。此外，讨论部分应该针对研究的重要性和影响，对研究所提出的结论进行总结。

- 饶毅证明Slit蛋白对神经纤维起排斥性导向作用的论文中一段讨论。

Possible Function of Slit [标题强调 Slit 的可能功用，讨论的语气，并非绝对的观点，否则就不是讨论了，当然标题中也不一定非要突出可能。] in Controlling Midline Recrossing and Longitudinal Turning of Commissural Axons in the Spinal Cord

In addition to the olfactory bulb axons, another system in which Slit functioning is related to the midline is the projection of commissural axons in the spinal cord. The expression of Slit in the floor plate and its binding to Robo support a role for Slit as a repellent at the floor plate for commissural axons. One function of Slit in the spinal cord would be to prevent commissural axons that have already crossed the floor plate from recrossing it. The expression level of Robo protein determines the response of commissural axons to Slit (Kidd et al., 1998a, 1998b), so that commissural axons would respond to Slit after, but not before, the axons have crossed the floor plate.

The expression of Slit in motoneurons suggests another possible function: this is to turn the circumferentially growing commissural axons into the longitudinal direction. Although longitudinal turning is a well-known phenomenon, its molecular mechanism is not clear. It is tempting to speculate that the presence of Slit in the floor plate and in the motor column would work together to force commissural axons that have crossed the midline to turn longitudinally. Thus, the expression pattern and repellent activity of Slit suggest that it is possible for a single molecule to play two important roles: to prevent commissural axons from recrossing the floor plate and to turn these axons longitudinally.

The mechanism for rostral-caudal guidance of the longitudinal axons remains unknown at the present. It can not be readily explained by Slit functioning alone because no rostrocaudal difference of Slit mRNA distribution in the floor plate and the motor neurons has been detected by in situ hybridization invertebrate embryos, suggesting possible involvement of other molecules forrostrocaudal guidance. Expression of Slit outside the spinal cord, such as the retina and the limb bud, suggests that Slit functioning is not limited to the midline of the central nervous system.

——Hua-shun Li, Yi Rao et al., Cell, 1999, 96: 807–818

1999年，饶毅、Tessier-Lavigne和Goodman三人所在实验室在同一期《细胞》杂志上分别发表了三篇论文，报告了Slit蛋白质对轴突生长的调控，成为当时科学界的一项重大突破。

这是饶毅那篇论文里的一段讨论。饶毅等人证明Slit蛋白质对嗅球神经细胞前体起排斥性导向作用，并设计了简单而巧妙的实验：将被导向的神经细胞放在中间，两边放Slit的来源。一般实验都只在一边放置导向分子，以观察细胞是走向分子还是离开分子，来判断是吸引还是排斥。他们的实验将同一个导向分子放在被导向细胞的两边。有时细胞距离两边Slit同等距离，有时不同等距离。结果发现，在同等距离的时候，细胞可以移动且无方向性，而在不同距离的时候，细胞主要被比较近的Slit所排斥，而走向比较远的Slit。由此证明了Slit具有排斥性的结论是正确的。Slit是排斥性导向分子，如果有神经纤维长出来，不碰到Slit，它就会直接通过；但如果碰到Slit，神经纤维就会转向。文章还证明了与Slit结合的受体是Roundabout（Robo）。此后，Slit成为与Sema、Netrin、Ephrin并列的第四类调节轴突生长方向的导向分子。

《细胞》刊登论文的主体部分只包括引言、结果、讨论，实验程序或方法在以前发表的文章里一般附在讨论部分之后，作为附属内容，最新的文章关于实验方法部分直接提供在线资源，在pdf文件里不作介绍，只列了资源清单。由此可看出结果和讨论的重要性。

1.4.3 论文主体写作要求

正文主体介于引言与结论之间，占论文的绝大部分篇幅，应该分层次、有条理、有重点地论述命题的研究内容。总体来说，在主体部分撰写的过程中有以下基本要求。

1. 准确性

科技论文是总结科研行为的书面文件。只有将严谨的科技实践和准确的科技论述融为一体，才能获得高质量的科技论文。要实现科技论文的准确性，必须采用各种切实有效的写作方法，准确深刻地阐述科技命题。学术不深，行文必浅。科技论文的编写质量，是作者的学术水平和技术积累的客观反映。

2. 简明性

科技论文不是一般的读书笔记或常规实验记录，必须精练简要地阐述命题的重点内容，确保其简明性。要简明，先得扼要。要紧紧围绕论文的创新点，有层次、有条理地加以阐述，抓不住重点，就不会有简明的文稿。然而，短未必简，简未必明，编写出简明的科技论文，是作者的总结归纳能力和文字表达能力的综合体现。

3. 规范性

科技论文写作必须满足写作规则的要求。那种"规范依赖编辑"的想法是不可取的。一篇格式杂乱、不符合规范的科技论文是没有科学性和严谨性可言的。我们认为没有创新的科技论文是没有灵魂和科学价值的，但是创新的重点是研究内容，而不能把任意编排论文内容作为创新点。统一论文框架可以让科研工作者把更多的精力放到论文内容上，也便于读者阅读。科技论文是科研工作者学术交流的媒介，应该严格按照目标期刊模板撰写。作者在投稿之前要仔细阅读目标期刊的《投稿须知》，只有符合编写规则的科技论文才有可能被发表或存档。事实上，科技论文的摘要、关键词、术语、标点符号、计量单位、数字用法、图表、参考文献等都有相应的编写标准，遵循这些规范可以将作者、编者和读者约束在同一标准下，有利于学术交流的畅通。

4. 层次化

注意分级标题，要具有层次感。前面我们讲了文章题目如何拟定，同样在正文主体里面的小标题拟定也是很重要的，它可以使文章更加有条理，可以逐步引导读者紧随作者的研究写作思路，进而使读者轻松抓住作者行文主线。总之，小标题的拟定可以方便读者更快地抓住各部分的要点。

1.5 研究结论

结论应当是全文要点的归纳、总结、提高和升华，主要回答"研究出什么"，而不是对前文摘要和正文讨论内容的简单重复。结论的主要内容包括：研究结果提出了哪些观点，得出了什么规律，解决了什么实际或理论问题；对前人的研究成果作了哪些补充、修改和证实，有什么创新点；该文研究的领域内还有哪些尚待解决的问题，以及解决这些问题的基本思路、进一步的研究建议等。

作者应当站在读者的角度去写文章，很多时候读者并不会阅读全文，而是仅仅阅读文章的结论来判定这篇文章是否对自己有帮助，或者是否值得阅读和引用，所以作者在书写结论部分时应该充分考虑不同读者的需求。把前面大量工作凝结成几句话，或者与同类文章作对比以升华主题，让读者一目了然，这需要作者拥有高度概括的能力。

论文最后的结论应与引言、摘要中的结论相呼应，但是应比引言和摘要中的结论更详细，要更具体地阐述实验、理论和数值结果的意义，强调论文研究的突破性、创新性及解决问题的关键所在，这样可增强论文的可读性。如果结论文字较多，一般采用编号分段的方式以使得结论更具有条理性，可以引用正文中得出的重要数据，但是不必再列表画图。结论的内容可以包含以下几方面：对论文研究课题做出的合理判断；对研究课题的进一步展望或指出后续攻关方向；对研究中一时尚未解决的问题，提出一种设想性意见，以引起相关领域读者的兴趣，加强对这一课题的研究。

在结论书写过程中应该遵守以下原则：

（1）严谨性。在结论中不宜出现"大概""可能""一定程度上""也许"等诸如此类模棱两可的词语，所以在前面结果分析的时候就应当做好定量分析，只有那些经过缜密论证的观点才能出现在结论中，如果研究工作目前不能推出该结论，则不能出现在结论中。

（2）客观性。在结论中评价自己的工作时，要保持客观性，不宜做自我评价，不宜采用如缩短周期、节约成本、提高效率等广告式语言。也尽量不要出现"本文工作达到世界先进水平""国内先进水平"之类的语句。对论文中存在的不足之处不应回避，应该坦然解释清楚，否则会被同行专家认为是缺乏发现问题的能力。当然优点、优势也应当大胆地写出来，不要认为说出自己科研工作的优点是在自我炫耀。

（3）完整性。在汇集论文要点的基础上，以论点、结果、价值和展望为要素，完整地撰写科技论文的结论。

（4）简洁性。结论不是摘要或引言中期望结果的翻版，也不是正文中部分内容的简单重复。要用明确、精练的语言，准确无误地给出论文最终的结论。

（5）准确性。结论应准确地归纳正文研究结果及其价值。特别地，结论中不应采用"实用价值""填补空白""社会效应"和"经济效益"等空洞不实之词。

（6）前后呼应。引言中提出了论文的主旨和目的，需要在结论中说明其完成情况，比如：得出了什么规律，解决了哪些理论或实际问题。引言中谈到的应用背景和前人的工作，需要在结论中说明对前人或他人有关研究做了哪些检验，哪些与本文研究结果一致或哪些不一致，作者进行了哪些修改、补充、发展、证实或否定，还有哪些未解决的遗留问题等。

研究结论范例分析

1. 王中林纳米发电机 *Science* 例文结论

We now estimate the possibility of powering nanodevices with the NW-based power generator. [基于本文的研究评估纳米发电机驱动纳米器件的可行性。] From table S1, the PZ energy output by one NW in one discharge event is 0.05 fJ, and the output voltage on the load is 8 mV. For a NW resonance frequency 10 MHz, the of typical output power of the NW would be 0.5 pW. If the density of NWs per unit area on the substrate is $20/\mu m^2$, the output power density is ~10 pW/μm^2.[用数据推算出每平方微米的功率密度约为10皮瓦。] By choosing a NW array of size 10 μm × 10 μm, the power generated may be enough to drive a single NW/

NB/nanotube-based device . [要驱动单个纳米器件，至少要10平方微米的纳米线阵列。] If we can find a way to induce the resonance of a NW array and output the PZ-converted power generated in each cycle of the vibration, a significantly strong power source <u>may be possible for self-powering nano-devices</u>. [要能找到一种纳米线阵列共振的途径，制造出纳米器件自驱电源是可能的。] Furthermore, if the energy produced by <u>acoustic waves, ultrasonic waves, or hydraulic pressure/force</u> [多种形式的能量转换] could be harvested, electricity could be generated by means of ZnO NW arrays grown on solid substrates or even on flexible polymer films. <u>The principle and the nanogenerator demonstrated could be the basis</u> [理论或原理具有普适性] for new self-powering nanotechnology that harvests electricity from the environment for applications such as implantable biomedical devices, wireless sensors, and portable electronics.

——Zhong Lin Wang, Jinhui Song, Science, 2006, 312 (5771): 242-246

  2006年，王中林院士在《科学》刊文，提出基于氧化锌纳米线阵列开发压电纳米发电机的思路，文章末尾提出该技术在未来纳米器件自驱动应用方面的可行性与广阔前景，这一点就是文章结论所陈述的内容。事实也正如文章结论所预测的那样，这篇文章发表至今已被引用6 000多次，全世界有40多个国家和地区、400多家单位、3 000多名科研人员在从事纳米发电机的研究和应用。2018年，第十一届埃尼"前沿能源奖"被授予王中林院士，以表彰他首次发明纳米发电机，开创自驱动系统与蓝色能源两大原创领域，并把纳米发电机应用于物联网、传感网络、环境保护、人工智能等新时代能源领域所做出的先驱性的重大贡献。埃尼奖（Eni Award）是世界能源领域最权威、最负盛名的奖项，被誉为世界能源领域的"诺贝尔奖"，与计算机界图灵奖、数学界的菲尔兹奖及沃尔夫奖等并称为领域性的最高奖项。

  纳米发电机无需任何磁铁和线圈的柔性结构，即可实现对环境中特别微小机械能的收集和利用。例如，空气或水的流动、引擎的转动、机器的运转等引起的各种频率的噪声，人行走时肌肉伸缩或脚对地的踩踏，甚至在人体内由于呼吸、心跳或血液流动带来的体内某处压力的细微变化，都可以驱动纳米发电机产生电能。因此，纳米发电机为实现物联网和传感网络以及大数据提供了一种理想的电源解决方案。现如今，纳米发电机正在有力地推动新能源技术和自供电传感器技术的发展，其在物联网、传感器网络、蓝色能源甚至大数据等影响未来人类发展的重大方面得到广泛的应用。纳米发电机作为可持续的微纳功率电源用于微小型设备(如电子皮肤、可植入医疗器件、可穿戴柔性电子器件等)的自供电；也可以作为自驱动传感器用于健康监测、生物传感、人机交互环境监测、基础设施安全等；并作为基础网络单元，在低频下收集海水运动能量直至实现蓝色无污染能源的伟大梦想。从微观尺度的能源收集到宏观高能量密度的发电，从微小的机械振动到浩瀚的海洋，纳米发电机能源系统为实现集成纳米器件和大规模能源供应打下了坚实的理论和技术基础，并将应用于物联网、卫生保健、医药科学、环境保护、国防安全乃至人工智能等诸多领域，必将影响人类社会生活的方方面面。

2. AlphaGo Zero不使用人类知识掌握围棋

Our results comprehensively demonstrate that a pure reinforcement learning approach is fully feasible, even in the most challenging of domains: it is possible to train to superhuman level, without human examples or guidance, given no knowledge of the domain beyond basic rules. Furthermore, a pure reinforcement learning approach requires just a few more hours to train, and achieves much better asymptotic performance, compared to training on human expert data. Using this approach, AlphaGo Zero defeated the strongest previous versions of AlphaGo, which were trained from human data using handcrafted features, by a large margin.

Humankind has accumulated Go knowledge from millions of games played over thousands of years, collectively distilled into patterns, proverbs and books. In the space of a few days, starting tabula rasa, AlphaGo Zero was able to rediscover much of this Go knowledge, as well as novel strategies that provide new insights into the oldest of games.

——David Silver et al., Nature, 2017, 550: 354 –359

AlphaGo Zero 证明了即使在最具挑战的领域，纯强化学习的方法也是完全可行的，不需要人类给出的样本或指导，也无须提供基本规则以外的任何领域知识，使用强化学习即能够实现超越人类的水平。此外，纯强化学习方法只花费很少的训练时间，但相比使用人类数据，却实现了更好的渐进性能（asymptotic performance）。

以下是本文摘要内容，可进行对照分析，体会结论与摘要写作的区别。

A long-standing goal of artificial intelligence is an algorithm that learns, tabula rasa, superhuman proficiency in challenging domains. Recently, AlphaGo became the first program to defeat a world champion in the game of Go. The tree search in AlphaGo evaluated positions and selected moves using deep neural networks. These neural networks were trained by supervised learning from human expert moves, and by reinforcement learning from self-play. [背景介绍]

译文：人工智能长期以来的一个目标是创造一个能够在具有挑战性的领域，以超越人类的精通程度学习的算法——"tabula rasa"（一种认知论观念，认为个体在没有先天精神内容的情况下诞生，所有的知识都来自于后天的经验或感知）。此前，AlphaGo成为首个在围棋中战胜人类世界冠军的系统。AlphaGo的那些神经网络使用人类专家下棋的数据进行监督学习训练，同时也通过自我对弈进行强化学习。

Here we introduce an algorithm based solely on reinforcement learning, [目的] without human data, guidance or domain knowledge beyond game rules. AlphaGo becomes its own teacher: a neural network is trained to predict AlphaGo's own move selections and also the winner of AlphaGo's games. [方法] This neural network improves the strength of the tree search, resulting in higher quality move selection and stronger self-play in the next iteration. [结果] Starting tabula rasa, our new program AlphaGo Zero achieved superhuman performance, winning 100–0 against the previously published, champion-defeating AlphaGo. [结论]

译文：在这里，我们介绍一种仅基于强化学习的算法，不使用人类的数据、指导或规则以外的领域知识。AlphaGo成了自己的老师。我们训练了一个神经网络来预测AlphaGo自己的落子选择和AlphaGo自我对弈的赢家。这种神经网络提高了树搜索的强度，使落子质量更高，自我对弈迭代更强。从"tabula rasa"开始，我们的新系统AlphaGo Zero实现了超人的表现，以100∶0的成绩击败了此前发表的AlphaGo。

这里我们可以看出，论文摘要和结论在写作上的差别。摘要的目的是概括文章的主要内容和研究结果，让读者快速了解文章的内容和贡献；而结论的目的则是总结文章的研究结果，并给出作者对这些结果的解释和推论。摘要一般为全文的1/10左右，长度通常在200～300字以内；而结论则通常为全文的1/4左右，长度可能达到数千字。摘要通常包括研究背景、目的、方法、结果和结论等方面的信息，但并不详细；结论则通常详细陈述了研究结果、作者对结果的解释、结论的实际应用和研究的局限性等方面的信息。

1.6 参考文献

科技论文的参考文献是对前人工作的认可和引用，也是论文可信度的重要体现。文献的数量和质量以及对于国内外资料的理解，标志着作者的学术水平，也标志着作者对试验结果的认知程度和对所提出问题的创新程度，同时反映出作者论证的合理性和可靠性。因此，引用高水平、新颖的文献很重要。参考文献是将论文写作中可参考的文献以简表的方式列出来，需注意如下几点：

（1）参考文献应当真实可信、关联性强、时效性强，并应当遵循所在领域的规范和标准。

（2）尽量引用高质量的文献，例如顶级期刊、知名会议论文等，以提高论文的可信度和影响力。

（3）参考文献最好与论文篇幅相适应。

（4）中、外文献并重。100%的英文文献不可取，改革开放初期，强调向欧美日学习是应该的。而今天的中国，许多方面的创新成果已赶超西方，我们的论文质量和数量均进入先进行列，应当重视参考中文文献。着眼于国内外的研究。需要指出，当前部分学者的论文引用的文献全部为英文文献，没有全面了解国内外研究水平，难以提高论文质量。

（5）文献引用量要适度。学术研究总是在吸收前人已有成果的基础上更上一层楼，但不能过度引用，这也是学术规范的基本要求之一。过度引用将造成两个后果：①句句、段段不停地引用别人的数据和观点，就成了编译、综述，虽然也是一篇文章，但不是创新性论文；②一篇几千字的科技论文，如果参考文献太多，大量引用别人的观点、说法，那么就只有较少的观点和内容是属于自己的。同时，如果成篇成段地引用别人的论著，而不注释其来源，就是抄袭和剽窃，是一种侵权行为，这是一种突出的学术不端。引用参考文献必须把握好度。最好的"火候"、最基本的度，就是别人读起来觉得论文确实是作者下功夫写出来的，而不是从前人或当代学者那里抄袭来的。

第2章　论文构成要素

字符、公式、插图和表格是构成科技论文的基本要素，科技论文是这些要素的有机组合体。只有文字描述的论文如同报告文章，只有公式推导的论文如同数学迷宫，只有插图的论文如同连环图画，只有表格的论文如同报表账册，因此一篇优秀的科技论文必须图文并茂，体现丰富的思想内涵。如果说，创新性的科研成果是一篇优秀科技论文的核心主体，那么优美的文字、公式和图表的编排格式则是主体结构的有效载体，这无疑会改善审稿人对论文的初次印象，对论文的录用发表也至关重要。从读者的角度出发，文字、公式和图表的恰当编排，能够使读者心情愉悦地阅读论文的研究内容，沉浸在作者所讲述的科研故事里，进而得到解决问题的灵感。

2.1　字符

字符是文字与符号的总称，具体包括汉字、字母、数字、图形符号、数学符号、标点符号、量符号、单位符号等8种常用字符。字符是构成科技论文的基本要素，规范使用各种字符是撰写科技论文的基础。

字符的正确使用在科技论文传播过程中是不可或缺的，在学术交流过程中也是至关重要的。

2.1.1 文字

文字主要是表意的汉字和外文单词或字母。汉语期刊、杂志、学位论文对汉字的字体、字号有明确的规定。汉字除了作为行文的基本元素外，还出现在图表中。在公式的式体中，一般不使用汉字。中文科技论文中，外文单词只用来注释外文缩写符号或外来语中的译名，一般不出现在文、式、图、表中。尽量不要使用汉字作为物理量符号的脚标，例如避免使用$v_{初}$代表初速度，建议使用v_i。

行文中阐述物理量的单位名称时，必须采用中文单位符号，如体积的单位是立方米、速度的单位是米每秒，此处不能用单位符号m^3和m/s。相反，如果采用数量与单位联合进行描述，必须使用国际单位符号，如5 m^3或60 m/s。行文描述还要避免以量符号、国际单位符号或数学符号等代替汉字，比如，"I越大，P越大"，应改为"电流越大，功率越大"。

英文字母和希腊字母是中文科技论文中的常用外文字母。在中文科技论文中，英文字母通常以新罗马体编写，避免出现汉字字体的字母格式。必须正确使用字母的表达形式，做到该正不斜，该斜不正；该大不小，该小不大；该黑不白，该白不黑。常见的字母规范如表2.1所示。

2.1.2 数字

在科技论文中，量的描述要比任何形式的文字都多，而且意义更加重大，因此数字的运用极为重要。中文科技论文中的数字有三种形式，即阿拉伯数字、汉字数字和罗马数字。《出版物上数字用法》（GB/T 15835—2011）规定，在使用数字进行计量、编号等场合，为达到醒目、易于识别的效果，应采用阿拉伯数字。在采用层次排序法的中文科技论文中，阿拉伯数字是篇、章、节、条、款、项、目、式、图、表等序号的唯一选择，不得用

表2.1 字母规范

正体	斜体	大写	小写
单位符号m, s, ℃	量符号m,v,F	量纲符号L,I	非源于人名的单位符号m,s,L
词头G,k,μ	25个特征数Re,Ma	来自人名的单位符号Hz,W, N	10^3以下词头k,c,m, μ
量纲T,M,Θ	量符号下标E_p	化学元素首字母Hg, Cr	列表序号
数学运算符号Π, Δ	变数x,y,z	10^6以上词头M, G	
数学缩写符号min,lim,Im,det	一般函数f(t),y(x)	科技名词缩写词LASER	
常数符号π,e,i	几何图形符号△ABC		
固定意义函数符号sin,cos,exp	矩阵符号黑斜体$\boldsymbol{A}^T$		
特殊函数符号H_n, Γ	矢量和张量黑斜体$\boldsymbol{A}×\boldsymbol{B}$		
量符号的下标R_{max}, U_p			
化学元素符号Al,Hg,Cr			
外文缩写词LASER			
标准代号GB/T			
仪器产品型号			
特殊数字集正黑体**N, Z, R, Q, C**			
矢量微分正黑体			

其他符号代替。如果表达计量或编号所要用到的数字个数不多,而且选择汉字或阿拉伯数字在书写的简洁性和辨识的清晰性方面没有明显差异时,两种形式均可使用。国家标准没有对罗马数字的使用作出规定,通常罗马数字可在图表中用作代号或标示符号,也可用作图书前置部分(序、前言、目录等)的页码符号。

对于多位阿拉伯数字,为了便于阅读,四位以上的整数和小数采用千分撇或千分空的方式进行分节书写,四位以内的整数可以不分节。对于第一种方式,整数部分每三位一组,以","分节,小数部分不分节,如92,300.000;第二种方式,从小数点起,左右两侧每三位数字一组,组间空四分之一个汉字,即二分之一个阿拉伯数字的位置,如98 235 358.238 368。

用波浪式连接号"～"或一字线连接号"—"表示数值的范围。前后两个数值的附加符号或计量单位相同时,在不造成歧义的情况下,前一个数值的附加符号或计量单位可省略;若省略数值的附加符号或计量单位会造成歧义,则不应省略。如−36～−8 ℃、400～429页、9亿～16亿、4.3×10^6～5.7×10^6、15%～30%等。

编写偏差时,如果上下偏差相同,可使用"标称值±偏差值"的方法表示,如16 V±0.5 V,或者写成(16±0.5)V,第二种写法不能省略括号;如果上下偏差不一样,可以用上下标表示,如$8^{+0.2}_{-0.1}$ mm。

阿拉伯数字"0"有两种汉字形式,分别是"零"和"〇",前者用作计量,后者用作编号,如三千零五十二个,公元二〇一二年。

2.1.3 符号

符号包括量符号、单位符号、数学符号、标点符号、图形符号等,GB3100～3102是关于量、单位和符号的一般原则以及一系列具体量和单位的国家标准[①]，而且是强制性国家标准，必须坚决执行。GB3102中规定了614个物理量的名称、量符号、单位名称和单位符号，此处不一一列出，仅列出特征数的符号及定义以作示范（见表2.2），其他符号请参照相关国家标准。

我国的法定计量单位是以国际单位（7个SI基本单位，21个SI辅助单位和SI导出单位）为基础，加上16个非国际单位制的单位构成的，共有44个法定计量单位。

此外，不同技术领域有各自专业的图形符号，如气象类图形符号、水文类图形符号、交通类图形符号、建筑类图形符号、机械类图形符号等。不同专业的科技人员应遵循相关技术标准的规定，规范绘制图形符号。

表 2.2　特征数符号及定义

符号	名称	定义	符号	名称	定义
Re	雷诺数	$Re = \dfrac{\rho v l}{\eta} = \dfrac{v l}{\nu}$	Eu	欧拉数	$Eu = \dfrac{\Delta p}{\rho v^2}$
Fr	弗劳德数	$Fr = \dfrac{v}{\sqrt{lg}}$	Gr	格拉晓夫数	$Gr = \dfrac{l^3 g \alpha \Delta T}{\nu^2}$
We	韦伯数	$We = \dfrac{\rho v^2 l}{\sigma}$	Ma	马赫数	$Ma = \dfrac{v}{c}$
Kn	克努森数	$Kn = \dfrac{\lambda}{l}$	Sr	斯特劳哈尔数	$Sr = \dfrac{lf}{v}$
Fo	傅里叶数	$Fo = \dfrac{\lambda t}{c_p \rho l^2} = \dfrac{at}{l^2}$	Pe	贝克来数	$Pe = \dfrac{\rho c_p v l}{\lambda} = \dfrac{vl}{a}$
Ra	瑞利数	$Ra = \dfrac{l^3 \rho^2 c_p g \alpha \Delta T}{\eta \lambda} = \dfrac{l^3 g \alpha \Delta T}{\nu a}$	Fo^*	传质傅里叶数	$Fo^* = \dfrac{Dt}{l^2}$
St	斯坦顿数	$St = \dfrac{K}{\rho v c_p}$	Gr^*	传质格拉晓夫数	$Gr^* = \dfrac{l^3 g \alpha \Delta T}{\nu^2}$
Pe^*	传质贝克来数	$Pe^* = \dfrac{vl}{D}$	St^*	传质斯坦顿数	$St^* = \dfrac{k}{\rho v}$

---

① 中华人民共和国国家标准 GB 3100—1993、GB 3101—1993、GB 3102.1～3102.13—1993（共15个文件）

续表

符号	名称	定义	符号	名称	定义
Pr	普朗特数	$Pr = \dfrac{\eta c_p}{\lambda} = \dfrac{v}{a}$	Sc	施密特数	$Sc = \dfrac{\eta}{\rho D} = \dfrac{v}{D}$
Le	路易斯数	$Le = \dfrac{\lambda}{\rho c_p D} = \dfrac{a}{D}$	Rm	磁雷诺数	$Rm = \dfrac{vl}{1/\mu\sigma} = v\mu\sigma l$
Al	阿尔芬数	$Al = \dfrac{v}{v_A}$	Ha	哈脱曼数	$Ha = Bl\left(\dfrac{\sigma}{\rho v}\right)^{1/2}$
Co	考林数	$Co = \dfrac{B^2}{\mu\rho v^2}$			

2.1.4 易混字词

科技论文中一些常见的字词，有的意义或用法相近，有的读音或字形相似，有的读音相同但意义和用法各异，使用过程中很容易混淆。下面举出一些科技论文中常见的易混字词，以供参考，如表2.3所示。

表2.3 常见易混字词

字词	含义	字词	含义
成形	对原材料的加工，如铸造成形、塑性成形	成型	二次加工成所需形状，如冲压成型、注塑成型
形	形状，如图形、地形	型	类型，如模型、血型、大型
实验	验证已有理论，如化学实验	试验	对未知结果的事物进行检验，如碰撞试验
振动	运动具有往复性，如简谐振动	震动	间歇无规律的运动，如地震
必须	助动词，修饰动词，如必须改正	必需	形容词，用在名词前，如必需品
反应	强调物理或化学作用	反映	描述或展示某些情况及现象的能力
付	用作量词时与副通用	副	多用于职称或职务
含义	与涵义通用，表示字、词、句包含的意义	含意	范围更大，诗文或说话所含有的意思
连接	侧重相连，如连接螺钉、连接板	联接	侧重相合，如星形联接、Y联接
粘	表动作，如粘信封	黏	表属性，如黏液、黏米、黏度

续表

字词	含义	字词	含义
沙	自然形成的石粒，如风沙、沙漠、沙滩	砂	指矿石粉碎形成的石粒，如砂型、砂轮、砂纸、砂布
炭	无恒定组成及性质的含碳物质，如炭疽病、煤炭	碳	元素碳，如碳水化合物、二氧化碳
象	自然表现出的形态，如大象、气象、象形	像	模仿出的形象，如画像、肖像、图像，还可用于举例
中止	中途停止，如中止开会	终止	结束，停止，如终止讨论
作	作的对象较抽象，如作曲、作品、作业、作风	做	做的对象较具体，如做客、做手脚、做朋友
的	用在名词前，表修饰	地、得	"得"用在动词或形容词后作补语，"地"用在动词前作状语
其他	另外，额外	其它	同其他，但一般指事物
考查	考校查验，如考查成绩	考察	实地观察调查，如考察调研
亟	急迫，强调严重，如亟待解决	急	时间短事情急，如急需

2.2 公式

公式在一篇科技论文中的地位是相当重要的，它涉及论文所得结果或结论的正确与否，所以应该被认真对待。当前对公式的基础理论进行创新是非常困难的，很多论文只是对现有的公式进行修改或者直接引用，以彰显论文的深度和价值。如果论文中所提及的公式是错误的，那么会让读者感到困惑或者将读者引至错误的道路上。特别是二次引用，有时候读者不得不重新检索直至获得原始文献。对于审稿人来说，接收到满是公式的手稿是一件很头疼的事情，部分审稿人的基本操作就是检查一下公式概念上有无错误或者量纲是否正确，而不会从头到尾推导一次。因此，真正能够对公式负责的还是作者本人，这就要求作者在写作的时候认真核对公式，做到对自己及他人负责。

公式是科技论文的一种重要表达方式，是实现科技论文定量表述的重要手段，其特点是字母多、符号多、层次多、变化多，必须正确编排公式，使其简明、准确、规范、美观。目前，尚无编排公式的专用国家标准，不过具体可以参考目标期刊的要求或是本校学位论文的要求。在编排公式的时候，有一些基本原则需要注意。

2.2.1 公式三要素

数学公式由式体、式号和式注三要素构成。公式与文字叙述必须相互呼应，要做到"文引式—式就位—式配文"。所谓"文引式"就是在公式之前必须要有引文，如"式（…）表示……""式（…）是……""……如式（…）所示"和"……的表达式为"等，不应采用"如下式"和"如下式所示"等引文形式。"式就位"就是将公式就近安排在引文的下方，合理地编排式体、式号与式注。"式配文"，就是对公式做简要说明，如"式（…）表明……""由式（…）可知……"等。例如：

Finally, an L2 regularization term is also added, scaled by a constant c, leading to the overall loss

$$l_t(\theta) = \sum_{k=0}^{K} l^p\left(\pi_{t+k}, p_t^k\right) + \sum_{k=0}^{K} l^v\left(z_{t+k}, v_t^k\right) + \sum_{k=1}^{K} l^r\left(u_{t+k}, r_t^k\right) + c\|\theta\|^2 \quad (2.1)$$

where l^p, l^v and l^r are loss functions for policy, value and reward, respectively.

1. 式体

式体是公式的主体，必须规范编写式体。编写式体的基本原则如下：

（1）式体由各种符号组成，要正确使用外文字母的正斜体、大小写、黑白体、上下标等表达方式，尽可能采用公式编辑软件（如MathType、AxMath）编写科技论文的公式，避免一些人为的编排错误，同样也是为了避免文档由不同软件打开时公式出现不同的字体形式。

（2）在数理公式中，必须使用量符号，不得将量名称（中文名称或外文缩写符号）作为量符号编入公式；在量和单位的相关国家标准中，对每个基本物理量都给出了1个或1个以上的符号，这些符号就是标准化的量符号，如 l（长度）、d（直径）、A 或 S（面积）、V（体积）、t（时间）、v（速度）、λ（波长）、m（质量）、F（力）、M（力矩）、p（压力，压强）、E（能［量］）、P（功率）、T 或 Θ（热力学温度）、t 或 θ（摄氏温度）、Q（热量）、w（质量分数）、φ（体积分数）等，量符号必须采用斜体字母，pH除外。

（3）法定计量单位是以国际单位制（SI）单位为基础的，只能采用单位的国际通用符号，不采用单位的中文符号。国际符号指用拉丁字母或希腊字母表示的单位或其词头，如μm（读作"微米"）、kg（读作"千克"）、N（读作"牛顿"）、kPa（读作"千帕"）、W（读作"瓦特"）、J（读作"焦耳"）等，单位符号一律用正体。

（4）相乘组合单位符号有两种形式，即加点乘号和不加点乘号，如力矩单位N·m，也可写作Nm。相除组合单位符号中的斜分数线"/"不能多于1条，当分母有2个以上单位时，分母就应加圆括号，如传热系数的单位为W/(m^2·K)。

（5）除雷诺数等25个特征数以外（见表2.2），式体中的量符号都应采用单一字母，但可以根据需要附加其他符号，以下标、上标、顶标、底标、侧标符号或（和）其他说明性标记来表示不同的量或同一个量的不同状态，如 t_i 表示初始温度。但是表示变量的符号或数字一般不标右上标，以免与幂次混淆。

（6）必须正确选用运算符号，不应随意选取计算机符号库中的相似符号。

（7）不应将星号（*）或间隔号（·）作为乘号（×）。

（8）公式中的括号应采用编辑软件中的括号，不应使用键盘上的括号，避免出现"括号束腰"现象，比如 $(\frac{1}{2})$ 应改为 $\left(\frac{1}{2}\right)$。

（9）避免使用多于两行的表现形式，如使用 $\frac{\sin[(N+1)\varphi/2]\sin(N\varphi/2)}{\sin(\varphi/2)}$ 而不使用 $\dfrac{\sin\left[\frac{(N+1)}{2}\varphi\right]\sin\left(\frac{N}{2}\varphi\right)}{\sin\frac{\varphi}{2}}$。

（10）要避免在公式中出现汉字，一般不用汉字表示量符号的下标和公式的值域区间。

（11）在式体的同一行中不应编排汉字，例如在"如"和"其中"等汉字之后，应该另起一行编排式体。

（12）式体应左右居中编排，即式体中心应处于行的中心位置，式体与上下行文字的间距要合适。

（13）在公式中，字母符号之间、字母符号与其前的数字之间，在不引起误解的情况下，尽可能不用乘号，如$2\pi r$，数字与数字之间、字母符号与其后的数字之间必须用乘号分开，如$3\times 2\omega t\times 10^3$。

（14）不重要的简短表达式，可作为行中式编排，即直接插入段落文字，编排于行内。

（15）复合分式中的分数线（即横线）的长短要合适，主分数线要长于分子或分母中的分数线，且主分数线与公式的符号（或其他运算符号）取平编排。

（16）长式转行时，优先在=、≈、≤和≥等关系符号处转行，其次可以在+、−、×、÷等运算符号处转行，上述符号不转入下一行。有些文献将首个等号外的后续等号也转行编排，如式（2.2）。

$$\begin{aligned} Y(s) &= \frac{-G(s)}{1+G_c(s)G_p(s)G(s)}T_d(s) \\ &= \frac{-s^2}{s^4+2ps^3+(p^2+K_D)s^2+K_Ps+K_I}T_d(s) \end{aligned} \quad (2.2)$$

（17）分子、分母都是多项式的长式需要转行时，可在+、-等运算符号处各自转行，并在转行处的行末加符号"→",转行后的行首加符号"←",如式（2.3）。

$$\frac{G_1(s)G_2(s)+}{1-G_3(s)G_4(s)H_1(s)+G_2(s)G_3(s)H_2(s)+} \to$$
$$\leftarrow \frac{G_3(s)G_4(s)}{G_1(s)G_2(s)_2G_3(s)G_4(s)H_3(s)} \quad (2.3)$$

（18）若分子、分母都是非多项式的长式需要转行时，可在某些因子间各自转行。

2. 式号

式号就是公式的编号，式号的编写规则如下：

（1）论文中的公式应按出现的先后顺序用阿拉伯数字连续编号并加半角圆括号，靠右顶格编排。

（2）式体转行编排时，式号置于末行的行尾，不应将式号转行单独编排。

（3）科技论文的式体与式号间不用点线连接。

（4）对于大型文献，若公式较多时，可分章节编排式号，分章式号由章号与章内公式编号组成，两者由短横线连接。

3. 式注

式注用来对公式的量符号作注释，释文的编写规则如下：

（1）式注编排于式体之下，按照量符号在式中的位置，自左至右，先上后下的顺序标注释文。

（2）在论文前面的公式中已经注释过的量符号，后面的公式中再次出现时可以不作注释。

（3）式注的一种编排方法是不转行标注法，顶格以"式中："开始，对量符号逐个进行解释，释文之后用分号，最后一个释文之后用句号，建议优先选用该式注模式，可以节省版面。

（4）式注的另一种编排方法是转行标注法，退后两个汉字位置，以"式中："开始，另起一行标注释文，量符号与释文之间用破折号连接，行末用分号，最后一行行末用句号，各条释文的破折号尽可能上下对齐，当符号数量较多时，此种标注方法会降低版面利用率。

2.2.2　行间公式的编排

公式有两种常见的编排格式：单句式和复句式。

（1）单句式编排时，引文"……的表达式为"之后不加冒号，式体之后省略标点符号，式注采用不转行标注法。引文、式体和式注构成一个句子，例如式（2.1）就是单句式编排。

（2）复句式编排时，引文之后为句号，式体之后省略了句号（有些科技刊物在式体后配有标点符号）。

理论功率 P 如式（2.4）所示。

$$P = pQ_o = T_o\omega \qquad (2.4)$$

式中：

Q_o——液压泵（或液压马达）的理论流量；

T_o——液压泵（或液压马达）的理论转矩；

p——液压泵（或液压马达）的压力；

ω——液压泵（或液压马达）的角速度。

公式的式注较少时，宜采用单句式编排；式注较多时，宜采用复句式编排。同一篇科技论文中，公式的式注通常采用同一种编排格式。当然，公式的编排句式是多变的，在科技论文中也可以采用双句式，其中包括"引文"句和"式体–式注"句。必须指出，科技论文优先采用量关系式，量的单位符合一贯单位制，在式注中不必说明量的单位。

2.2.3 赋值

先列式、后赋值，是科技论文公式赋值的基本方法。应按引文、式体、式号、式注的顺序编写公式，然后列出具体数值作定量叙述。论文不是草稿纸，数值运算过程不应编排在科技论文的公式中，只需明确已知参数和运算结果即可。

2.2.4 行内公式

编排在叙述文字中的公式称为行中式。把简单数学式作为行中式编排，可以使论文结构紧凑，编排行中式要注意以下规则。

（1）在可以用文字表达清楚的叙述中，不应采用行中式表述；复杂的公式不宜作为行中式，应作为式体单独编排；行中式中的分式应横排，以免出现超行距现象，如$(-b \pm \sqrt{b^2-4ac})/(2a)$。

（2）采用非固定行距编排时，行中式或行中符号不应用公式编辑软件编写，宜采用键盘字符或字符库字符直接编写，以免出现字符偏上或偏下现象。

2.3 插图

插图作为科技论文的重要组成部分，是展现实验现象或数据最常用的表达方式，能表征和佐证材料的真实性，为读者提供更加直观、简洁的数据表现形式，形象直观地表达事物的特征和变化的规律，美化版面和提高论文的可读性，有助于提高读者的理解程度。插图被誉为"形象语言""视觉文字"，具有信息量大、精确性高、对比度强等优势，比表格更加直观，作为文字表达的辅助手段，与文字共同承担表达作者意图和论文科学内容的任务。据统计，平均每千字就伴有一幅插图，而且插图所占的比例还有进一步提高的趋势。因此，好的插图不仅是论文的重要支撑，而且会使论文具有很好的可读性。一篇包含若干科学、规范且美观的插图的论文，常常令人耳目一新。科技期刊中使用的插图有多种，主要形式有照片、示意图、坐标图、流程图、等值线图、统计图、云图和地图等。

2.3.1 插图原则

插图虽形式多种多样，但优秀的插图均应满足观点明确、类型简洁、外观专业、细节完美的要求，应具有自明性、准确性与逻辑性。插图的使用原则，主要包括类型得当、布局合理、制作规范、文字表述准确、幅面合理、文种统一等。插图不应过多，必须采用标准图形符号绘制必要的插图，可有可无的插图应舍弃，否则会导致版面杂乱无章，没有行文的流畅性。只有当文字叙述难以表达清楚时，才有必要配置插图。

插图应有自明性。清晰简明的插图能使读者看图识意，了解基本含义。如果插图比较复杂，难以自明，则应对插图中的符号和术语在文中作相应的描述。插图要确保图文呼应，做到"文引图—图就位—图配文"。文引图是指，在插图之前必须有引文，应用"图X表示"的方式引出插图，要用具体的图号，不能用上图或下图引出；图就位是将图安插在段与段之间，通常排在第一次提到该图的段落之后；图配文是针对图进行的说明，解释图要表达的内容，做到图文呼应。

不同版面对图幅的要求不同，绘制的插图必须与版面相适应，通栏编排时图宽应小于版心宽度，双栏编排时图宽应小于版心宽度的一半。超幅图可以横排，横排图应该是图的顶部位于页面的左侧，图的底部位于页面的右侧，如果是双面排版，应分别位于页面的内侧或外侧。

此处举一个插图的例子，如图2.1所示，反映了DNA的双螺旋结构，以下是文章中对图的解释。

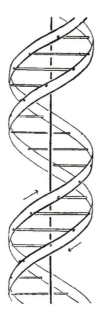

图 2.1　This purely gureis diagrammatic. The two ribbons symbolize the two phosphate-sugar chains, and the hori-zontal rods the pairs of bases holding the chains together. The vertical line marks the bre axis

We wish to put forward a radically different structure for the salt of deoxyribose nucleic acid. This structure has two helical chains each coiled round the same axis (see diagram)[全文只有一张图，图没有编号]. We have made the usual chemical assumptions, namely, that each chain consists of phosphate diester groups joining β-D-deoxyribofuranose residues with 3',5' linkages. The two chains (but not their bases) are related by a dyad perpendicular to the fibre axis. Both chains follow right-handed helices, but owing to the dyad the sequences of the atoms in the two chains run in opposite directions. Each chain loosely resembles Furberg's model No.I; that is, the bases are on the inside of the helix and the phosphates on the outside. The configuration of the sugar and the atoms near it is close to Furberg's 'standard configuration', the sugar being roughly porpendicular to the attached base. There is a residue on each chain every 3.4 Å. in the z-direction. We have assumed an angle of 36° between adjacent residues in the same chain, so that the structure repeats after 10 residues on each chain, that is, after 34 Å. The distance of a phosphorus atom from the fibre axis is 10 Å. As the phosphates are on the outside, cations have easy access to them.

——J. D. Watson and F. H. C. Crick, Nature, 1953, 171: 737–738

出版社在加工书稿时会对论文中的图片进行放大或者缩小，导致在计算机屏幕上清晰易读的文字经过排版后变得模糊难辨，因此在采用专业制图软件绘制插图时要谨慎选定文字、字母和符号的格式和大小（正确编排字母的大小写、正斜体以及量符号的下标，图内汉字一般采用六号宋体，外文字母和阿拉伯数字一般用新罗马体）以确保图形清晰易读。若将多幅图形合成一幅，更要考虑到这一点。每幅图形应当尽量简单，最常见的错误就是插图中信息太多导致读者难以理解或混淆。尽量采用矢量绘图软件一步到位，保存成矢量格式。绘图时先确定好图内的文字，再确定绘图的范围，最好做到插图时不做放大或缩小，否则图中文字也会缩放，不能保证原有的字体大小，出现图与图中字体大小不一的情况。

2.3.2 照片图

照片图能反映事物的外貌形态和特征，形象逼真，立体感强，但不能描述抽象的逻辑关系和假想的模型体态。照片图分为黑白图和彩色图。科技论文中尽可能采用小幅面的黑白图，一般不用彩色图和折页图。照片或扫描的图片，必须图像清晰、层次分明、反差合适，照片上应具有表示实物尺寸的标度或简明参照物。照片的分辨率要达到600dpi，图中需要标注文字、数字或符号时，调整图片大小、标注大小及字体要统一，使图片清晰明了、美观协调。

图2.2是反映半固态合金触变特性的照片，含液相30%～50%的半固态合金，能够支撑自身的重量，在静止时保持一定的结构稳定性，可以维持特定的形状而不会塌陷。但当其受到剪切力作用时，会变得黏稠并且像浓稠的液体一样流动，可以使用刀具轻易将其切成两半，该组照片生动形象地反映了半固态的这种特性。

图2.2　照片图示例

[H.V.Atkinson, Progress in Materials Science,2005,50(3):341-412]

2.3.3　曲线图

曲线图主要是指用线条的形式表现数据资料的趋势，例如绘制随时间变化的曲线图，可以反映某项目在时间上的变化情况。曲线图一般由6个部分组成，包括图序、图题、标目、标值、坐标轴、图注等。图题和图注是其他类型的图也具备的属性，将在2.3.5节介绍，此处重点介绍标目、标值、坐标轴等。需要注意的是，科技期刊一般以黑白印刷为主，因此为显示不同曲线的特征，应以不同符号或线型表示，并在图例中说明。

曲线图标目是说明坐标轴物理意义的必要项目，通常由物理量的名称或符号和相应的单位组成，采用"量名称或量符号/单位"的标准化形式，量（符号或名称）和单位缺一不可，复合单位要用括号括起来，例如时间t/h、气压p/kPa、温度T/K、$\rho/(kg \cdot m^{-3})$等。

标值是指坐标轴上标注的计量值，是表达坐标轴定量数值的尺度。通常以数值标注，并通过标目来说明其计量单位。曲线图的横坐标表示自变量，纵坐标表示因变量，坐标轴的标值线置于坐标轴内侧，标值置于坐标轴外侧，横坐标的标值自左向右、由小到大排列，纵坐标的标值自下向上、由小到大排列，标值疏密要恰当。同一幅曲线图上有两条不同因变量的曲线时，纵坐标可分别编排在图的两侧，标目与标值都应置于纵坐标的外侧。坐标轴的范围要合理，需要既充分表达数据也不冗余。若数值相差太大，可以合理运用对坐标轴进行"打断"的技巧，以充分、清晰地表达数据。

在已明确标值大小的情况下，坐标轴就已表述了增量的方向，不应再重复使用箭头标志。如果坐标轴仅表示定性变量，没有具体变量，则要在坐标轴顶端按变量增大方向画箭头示意。

图2.3和图2.4是曲线图的两个示例。

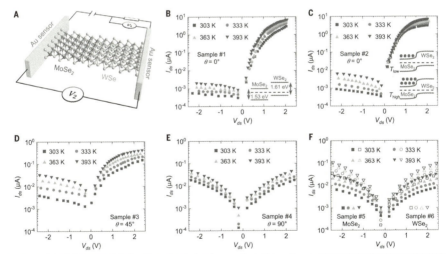

Fig. 2. External electrical measurement circuit and thermodynamic characterization of the electrical properties of MoSe$_2$-WSe$_2$ lateral heterostructures. (**A**) Schematic diagram of the electrical measurement circuit based on the H-type device, where the MoSe$_2$-WSe$_2$ heterostructure sample is in contact with two gold sensors, and one multimeter, V_1, is used to measure the voltage and another multimeter, V_2, is used to measure the current through the heterostructure sample. I_{ds}-V_{ds} characterization of (**B**) sample 1, (**C**) sample 2, (**D**) sample 3, (**E**) sample 4, and (**F**) samples 5 and 6 at different temperatures ranging from 303 to 393 K. Insets in (B) and (C) are sketches of the band alignments and the thermionic effect in the MoSe$_2$-WSe$_2$ lateral heterostructure, respectively.

图 2.3 曲线图示例（1）
（Zhang et al., Science, 2022, 378: 169−175）

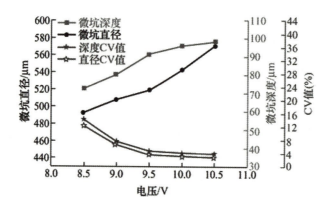

图 2.4　曲线图示例（2）
[申继文等，机械工程学报，2022, 58(11): 295-307]

2.3.4　示意图

示意图绘制方便，表达力强，主要有结构示意图、系统示意图、方框图和流程图等。结构示意图具有简洁明了、示意性强、易于理解等特点，可以用较少的线条、符号、说明文字等有重点地将描述图像勾画出来。绘图软件功能的不断增强，对示意图的绘制起到了很好的推动作用。

插图线型的粗细设计应主次分明、合乎规范，达到整体美观的效果。一般描绘轮廓线时宜采用粗线条，而描绘虚线、尺寸线、指引线、中心线等辅助性线条时宜采用细线条，建议粗线条取0.3 mm，细线条取0.15 mm。

图2.1为DNA双螺旋结构示意图。图2.5所示为吴健雄为验证李政道和杨振宁提出的宇称不守恒假设，于1957年发表在《物理评论》上的实验示意图。图2.6所示为美国国家标准技术研究所网站上公布的吴健雄验证宇称不守恒的实验示意图[1]。

---

[1] https://www.nist.gov/pml/fall-parity/reversal-parity-law-nuclear-physics

第2章 论文构成要素

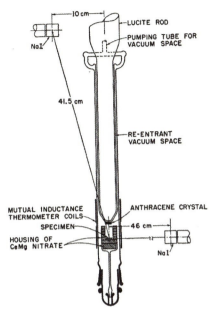

图 2.5 吴健雄验证宇称不守恒的实验示意图
（C. S. Wu, Phys. Rev., 1957, 105: 1413）

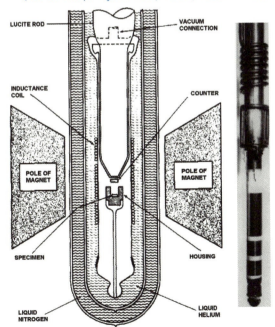

图 2.6 美国国家标准技术研究所网站上公布的吴健雄验证宇称不守恒的实验示意

2.3.5 图题与图注

除了插图本身，还需要配置图号、图题、图注等元素。图题对插图进行简短、确切的描述，不能太笼统，连同图号置于图的下方。图题应能够独立于正文，含有足够的信息，从而让读者明白插图的含义，而不需要频繁地参阅文章中的句子，即图题应具有较好的自明性和专指性。图题应根据插图的科学内涵进行写作和编辑加工，力求文字简洁明了、表达准确规范。图号和图题不可与图体分离编排在前后两页；按论文中插图出现的先后顺序，从阿拉伯数字 1 开始连续编号，图号中的数字后不加标点符号；中短篇科技论文一般不分章编排图号，图号后空一个汉字位置编排图题；可以采用分图的形式，分图的序号为（a）（b）（c）等。分图也应该配置分图题，分图序号与分图题通常置于分图的下方。

图中符号、代码及试验条件等，应以最简练的文字加以说明，作为图注置于图题下方或者图面上，具体放在什么位置由图注的功能特点来决定。有些图注是注释图片的构成单元或元素的，可以称为图元注。插图中需要标注较多的文字说明，而插图的幅面上又没有足够的空白，那么把需要说明的文字用序号或符号代替注于图面上，然后把序号或符号所代表的实际意义，以图注的形式注于图的下方、图题之上。图元注内容较少时也可分散注于图片的相应部位，如图2.5所示。图例可以理解为图元注的一个特殊类别。它不是确指图片中的某个部件或元素，而是以符号或色彩标识某类部件或元素。有些图注是注释整个图片的，称为整图注，可以理解为图题的延伸，整图注是对整幅图片的说明。所注内容包括图片的整体情况，如背景、性质、演变、来源等，应该置于图题之后或之下。不管是哪种图注，图注说明文字应力求简洁、准确。除物理量和单位的表达必须遵循国家标准的规定外，所选用的名词术语一定要与正文中所使用的一致，删去一切在正文中没有交代或与正文表述内容不相关的文字、数字和符号。

2.3.6　插图相关国家标准

机械工程制图相关标准包括GB/T 1182、GB/T 4458.1、GB/T 4458.6、GB/T 14691、GB/T 17450、ISO 128-30、ISO 128-40、ISO 129；电路图和接线图相关标准包括GB/T 5094、GB/T 6988.1、GB/T 16679；流程图的标准为 GB/T 1526。涉及相关国家标准的插图要依据国家标准进行绘制。

2.4　表格

2.4.1　表格简述

当测量的数据要反复强调时，有必要针对这些数据绘制表格。但是表格中仅需呈现关键性数据、有意义的数据，否则会扰乱读者的注意力，阻碍读者进行数据比较。

科技论文中的表格大致有三种：无线表、归类表、卡线表。当列出项目少、内容简单时，应使用以空字位相隔的无线表，如图2.7所示；当表示隶属关系的多层次事项时，可采用归类表，只需用横线、竖线或括号把文字连贯起来；当需要说明的项目较多时，应采用以纵横直线构成的卡线表，此类表格应用最为广泛。另外，为使表格的结构简洁，现多采用三线表，即只有三条横线（上下各一条粗线，栏目下一条细线），它的栏头取消了斜线、表格不设竖线、省略了横分隔线，显然三线表就是抽掉了竖、横分隔线的卡线表。

制作表格时，表格与文字叙述必须相互呼应，像图、公式一样，也要做到"文引表—表就位—表配文"。在表前必须有引文，并将表格编排在引文的下方，而且对表格内容作简要说明。对表格的文字说明要有针对性，即针对某个问题作必要的阐述，不可以用文字简单重复表中的内容。整个表格表达的核心信息只有一条，如果作者想表达的信息有两条的话，那么最好分别用两个表格表达，因为在同一个表格中安排两个主题会让读者感到困惑；设计表格前要查看目标期刊的《投稿须知》，其中会说明表格尺寸、表注符号或表注字体、表格设计软件等，此外，查看发表在目标期刊中的表格也有助于表格设计。关于提交表格，期刊的传统要求是在正文之后，每张表格独占一页。也有些期刊要求在正文中首次提及每个表格时要在页边予以注明，或者首次提及某表格时在附近正文中嵌入这个表格，或者直接以单独文件的形式提交表格；表中既不应有分表也不应将表分为次级表，表宽应等于行宽或者通栏编排时表宽等于版心宽度，不宜编排只有单行或单列表身的表格。

TABLE I.—*Effect of Keeping at Room Temperature on the Anti-Staphylococcal Power of Penicillin.*

	Growth of staphylococcus in dilutions of penicillin as under.											
	1/20.	1/40.	1/60.	1/80.	1/100.	1/200.	1/300.	1/400.	1/600.	1/800.	1/1000.	Control.
At time of filtration .	−	−	−	−	−	−	−	−	−	±	++	++
After 4 days . .	−	−	−	−	−	−	−	−	−	±	++	++
„ 7 „ . .	−	−	−	−	−	−	−	±	+	+	++	++
„ 9 „ . .	−	−	−	−	−	−	−	±	+	+	++	++
„ 13 „ . .	−	−	−	−	−	+	+	+	+	+	++	++
„ 15 „ . .	−	±	+	+	+	+	+	+	+	+	++	++

图2.7 无线表示例

[British Journal of Experimental Pathology, 1929, 10(3):226-236]

2.4.2 表格结构

表格一般由表号、表题、栏目（又称表头）和表身组成，表注栏与脚注栏不是必要部分，可以忽略。图2.8所示为表格示例，包括了表格的主要构成要素。

1. 表号和表题

在表的上方居中编排表号和表题，表号和表题不可与表格分离编排在前后两页；按论文中表格出现的先后顺序，从阿拉伯数字1起连续编排表号，数字后不加标点符号。是否需要分章编号，应该与论文的公式、插图的编号方法一致，中短篇科技论文一般不分章编排表号；表号后空一个汉字位置编写表题，表题应简明，且与引文保持一致。

表 X　表题

单位为毫米

类型	长度	内圆直径[a]	外圆直径
A	230	100	125
……	……	……	……

段（可包含要求型条款）
注1：表中的注的内容
注2：表中的注的内容

[a] 表脚注的内容

图 2.8　表格的构成要素

2. 栏目（表头）

竖栏目位于表格的最左边一列，一般采用单行排列，在量名称之后空一个汉字位置编排"量符号/单位符号"，量名称与"量符号/单位符号"不宜排成上下两行，以免影响表格的行距；横栏目位于表格的最上边一行，横栏目的量名称与"量符号/单位符号"可以单行排列，也可以双行排列，双行排列时量名称置于上方，"量符号/单位符号"置于下方；如果表中所有量的单位相同，栏目中可以省略单位，且在表格的右上方用一句话作适当说明，如"单位：毫米"或"单位为毫米"等。

3. 表身

表身容纳数字、文字和符号等。表内同一列数字的对应位要上下对齐，一般数字以个位数为基准对齐，或者以小数点为基准对齐；表内上下行或左右列的数字相同时，不宜用"同上""同左"等代替，应填入数字或文字，也可以用通栏的方式来表示；栏格空白代表未测试或无此项，常常采用一字线"—"来表示；表格中的参数值涉及不大于或不小于时，采用符号"≤"或"≥"来表示（在文本的描述中应采用"不大于"或"不小于"来描述）；当整列栏格中的文字均较少时，应该居中编排，当整列栏格中分别为长短不一的文字时，宜采用左对齐编排。

4. 表注

表注位于表身下方的通栏内，表注与表身的分割线采用与表框相同的粗线；表中只有一个表注时，应在标注文字前标明"注："，同一表中有多个表注时，应标明"注1："“注2："等，每条表注应自表格左边框空两个汉字位置起排，回行时文字位置对齐；表注的字号、字体、字间距与表身相同。

5. 脚注

表的脚注位于表注的下方，两者之间用一条细实线隔开；为了区别于文本的脚注（页末或页底注），表的脚注序号采用从a开始的小写英文字母的上标形式a、b、c来表示，自表的左边框起空两个汉字位置编排序号，序号后空一个汉字位置编写注文，回行时文字位置对齐。

图2.9所示为一个三线表格的示例。

表3　切削试验参数

	因素	参数
超声振动参数	频率/kHz	35.3
	A_1/μm	3.6
	A_2/μm	3.8、6.6
	相位差	$\pi/2$
切削参数	切削方式	端面切削
	切削速度/(m·min^{-1})	2、4、6
	进给速度/(μm·r^{-1})	15
	切深/μm	4
单晶金刚石刀具	刀具圆弧半径/mm	1
	前角/(°)	0
	后角/(°)	7
工件	材料	纯铁
	直径/mm	20
冷却		Oil

图2.9　三线表示例
[机械工程学报,2022,58(11):260-268]

第3章 论文修辞与语法

思想是人类大脑思维的成果，语言则是交流思想的工具。学术交流离不开语言表达，而科技论文是语言表达的一种重要呈现形式，因此科技论文中的文字表述起到传达作者思想的作用。其中，论文的修辞和语法扮演关键角色，它们应用得好坏将直接影响作者科研成果的传播质量和效果。

3.1 科技论文的修辞特点

撰写科技论文时，不锤炼词语，不选择语言，不加工润色乃至增、删、改、调，就写不出文理通顺、语句流畅的科技论文，而这些都有赖于好的修辞的运用。因此，科技论文从初稿到成文再到发表需要经过多次修辞化修改。科技论文中很少见到"如果您将……""我认为……""可能是""一般地"等不确定的口语化语体，而多为一种逻辑缜密、语义确定、语用规范的书面语体，这是一种客观的、规范的修辞方法，它试图表达科学实验的客观性质，以便更加科学地说服读者。

概括起来，科技论文中的修辞特点主要有以下几个方面。

1. 精准性和准确性

使用准确、具体的语言表达科学研究的结果和观点，避免使用模糊、含糊的词语。

2. 逻辑性和连贯性

具备严密的逻辑结构和清晰的篇章连贯性，避免语句之间不连贯和逻辑不清晰。

3. 信息密度和简洁性

尽可能地用简洁、精练的语言表达尽可能多的信息，避免使用冗长、累赘的语言。

4. 科学性和客观性

尽可能客观地描述研究结果，避免使用主观、感性的语言，保证科学研究的科学性。

5. 语法准确性和语言规范性

使用准确、规范的语言表达，注意语法结构和单词用法的准确性，避免出现拼写错误、语法错误等问题。

准确是科技论文修辞最根本、最重要的要求。没有语言的准确性，就无法保证科技论文的科学性。准确体现在概念、数据、用词、评价等方面，描述事物变化时不夸大、不缩小；评价成果意义时不抬高、不贬低，尤其在使用"达到国际先进水平""填补国内空白""国内外首创"之类的词语时，一定要符合实际情况。科技论文表达要明晰、直截了当、不含蓄，用词表达避免歧义，结构层次分明，条理清晰。语言简练是保证表述准确、明晰的重要基础，尽量使用学科领域的专用术语，简化表达，大量使用图、表、公式等人工语言，达到言简意明的表达效果。另外，删繁就简。严格强调论文表达在逻辑层次上的合理性，推理要严密、结构要完整、衔接要紧密，论文各部分环环相扣、浑然一体。

汉语中有许多修辞手法，但是有些修辞在科技论文中是不适合使用的，比如比喻、夸张、歇后语等。当然，在科普文章或在科技演讲中，可以适当采用比喻等形象生动的表达方式。如果在撰写科技论文时非要使用比喻，一定要慎重，因为很多语句在使用比喻后反而让读者更加不清楚语句真实的意思。

科技论文的修辞手法以消极性修辞手法为主，即主要使用调整结构、选择词句、处理详略的修辞方法，其目的是避免重复、多余和苟简。

常见的修辞问题涉及以下几个方面：

（1）不合逻辑。自相矛盾或主客颠倒，因果无据，时间先后不明等。

（2）费解。话说得不明白，让人猜测。

（3）层次不清。长句较多，或讲叙的方面较多，行文时如不细加推敲，往往层次不清。

（4）累赘。语言堆砌，或前后内容重复。篇幅用了不少，但所谈内容却不多。

3.2 选词

在进行科技论文写作时，一定要注意用词的规范性，不应含糊其词或对词语进行简单堆砌，不应用口语化或不科学的词汇阐述科技现象。不少作者有用词模糊、臆造新词等不良写作习惯，这往往让读者误以为作者对概念理解不清。

科技论文应该使用专业叙词表中规定的术语，比如航天科技领域可以采用《国防科学技术叙词表》和《航天科学技术叙词表》中的专业词汇。规范术语应具备单名单义性，即一个术语只表示一个概念，一个概念只有一个指称，否则会导致异义、多义或同义现象。此外，术语还应具有顾名思义性、简明性、派生性和稳定性等特点。

3.2.1 专业术语

在进行科技论文写作时，不仅需要准确使用本民族通用自然语言的文字表述，而且也离不开专业技术语言的使用。在科学技术的各个领域中，都有专属的规范性技术语言，这类语言形式简明、内涵丰富、形象直观、科学规范。用文字难以表达清楚的多种因素之间的复杂关系，用专业技术语言则能较清楚地表达出来。因此，在撰写科技论文之前，提前了解相关领域的专业术语有助于提高科技论文的整体专业水平。术语作为专门学科领域的专用语言，既准确又简洁，同行专家、本领域的科技工作者都能看懂，撰写科技论文应尽量使用术语。

对于科技论文中反复出现的冗长词语可以采用缩写，但缩写词要尽量少用，以提高论文的流畅性。使用缩写词时，在开始出现的地方先进行说明。减少冗长词语使用频率的替代方法是可以使用代词替代，或者改用其他描述性词语替代。

在科技论文写作中还要注意，为了清晰表达同一件事物，要用同一词语。不必像文学作品一样，为了增添趣味性，避免用词单调，可能经常变换用词，这在科技论文写作中毫无必要。

另外对不确定的术语，可通过术语在线进行检索确认，其检索首页如图3.1所示。术语在线是全国科学技术名词审定委员会着力打造的术语知识公共服务平台，2016年上线[①]，内容涉及基础科学、工程与技术科学、农业科学、医学、人文社会科学、军事科学等100余个专业学科，涵盖了全国科学技术名词审定委员会历年来公布的规范名词、发布的科技新词、出版的海峡两岸对照名词和工具书等全部审定成果，又融入了中央编译局、中国外文局、国务院新闻办、外语中文译写规范部际联席会议等机构发布的规范成果，总数据

---

① https://www.termonline.cn/index

量近百万条，已成为全球中文术语资源最全、数据质量最高、功能系统性最强的一站式知识服务平台，并且提供中英对照服务。

图3.1　术语在线检索首页

比如生活中我们非常熟悉的"内卷"一词，在细胞生物学和动物学学科具有特殊的含义。细胞生物学里，内卷是指动物胚胎原肠作用时，基部外层细胞片扩展，并向内迁移，覆衬在其余外部细胞层的内表面的过程；在动物学里，内卷是指胚胎原肠形成过程中细胞运动的一种方式。胚胎表面上皮状细胞层先扩展，后沿着一个边缘向胚胎内部卷入，卷入内部后向相反方向扩展的过程。再比如"等温淬火"，经检索发现，该词有三个来源，分别是《冶金学名词》（第二版）、《材料科学技术名词》和《航天科学技术名词》，其中前两个来源均给出了等温淬火的定义，定义内容基本一致，但英语名有所差异，共有austempering、isothermal hardening、isothermal quenching三种说法。

3.2.2 关键词

关键词也称为说明词或索引术语，是指从论文的题目、正文和摘要中抽选出来能提示（或表达）论文主题内容特征，具有实质意义和未经规范处理的自然语言词汇。关键词主要用于编制索引或帮助读者检索文献，也用于计算机情报检索和其他二次文献检索。关键词的标引是否恰当，直接关系到知名数据库的收录和论文被检索到的概率，影响研究成果的有效传播和被利用率。

关键词可以是名词、动词或词组。一般来说，关键词不需要编制规范化的词表，对每个关键词没有统一的规定。但在实际使用过程中，对选择关键词已形成了一定的规范化要求，即所选择的关键词包括两部分：一部分为主题词表上所选用的主题词（主题词与关键词不同，主题词是经规范处理的受控自然语言，已编入主题词表）；另一部分为主题词表中未选入而随着科技发展所出现的一类词，这类词称为补充词或自由词。

由于科学技术的迅速发展和文献资料的迅猛增长，对信息检索的时间性要求越来越高，因此需要提高信息传播速度，使科研工作者尽快地了解和掌握新的文献资料。索引是一种开发利用文献资源的重要工具，可向用户提供多种有效的信息检索手段。关键词索引是指以文献题名或文摘中的关键词为标目的索引。为了便于编制关键词索引，目前，许多科技学术期刊要求作者在中文摘要后附3~8条中文关键词，在英文摘要后附上对应的英文关键词，要求中英文关键词的数量和意义一致。

确定关键词，首先要认真分析论文的主旨，选出与主旨一致，既能概括主旨又能使读者大致判断论文研究内容的词或词组；其次，选词要精练，同义词、近义词不要并列作为关键词，化学分子式不能作关键词，复杂有机化合物一般以基本结构的名称作关键词；再者，关键词的用语必须统一规范，要准确体现不同学科的名称和术语；最后，关键词的选择大多从标题中产生，但要注意，如果有的标题并没有提供足以反映论文主旨的关键词，则还要从摘要或论文中选择。关键词的选取应遵循"选全、选准"的原则，选用能准确反映论文主题思想和特征内容的规范化词语；不要遗漏文中涉及的新观点、新方法、新技术、新成果等关键性的主题词。

"中国关键词"[①]项目是以多语种、多媒体方式向国际社会解读、阐释当代中国发展理念、发展道路、内外政策、思想文化核心话语的窗口和平台，是构建融通中外的政治话语体系的有益举措和创新性实践。项目第一批成果摘编自党的十八大报告、党的十八届三中全会决定、习近平总书记系列讲话、2014年两会政府工作报告等新一届中央领导执政以来的重要文献，分五个专题以中、英、法、俄、阿、西、日等七个语种发布。涉及我国国情发展的相关关键词可在此网站检索，特别是需要将其译成外文对外传播时，用词一定要准确。现列举几个例子，如表3.1所示。这个网站虽然以"中国关键词"命名，但覆盖的词汇范围非常广泛，所列词汇也不一定只用作关键词。

表 3.1　关键词示例

汉语关键词	英文翻译
"东风"系列导弹	The DF Missile Family
载人航天精神	The spirit of the manned space program
"三个代表"重要思想	Theory of Three Represents
科学发展观	Scientific Outlook on Development
第一次国共合作	The First KMT-CPC Cooperation
下沉干部	Officials Designated from Higher Levels
中国制造 2025	Made in China 2025
中国力量	The Chinese strength
海纳百川，有容乃大	The ocean is vast because it admits all rivers universal love and non-aggression
兼爱非攻	

---

① http://keywords.china.org.cn/index.htm

3.2.3 词语搭配

语言中的每一个词几乎都与别的词共生相伴，有些是依靠词与词之间语义连贯的衔接关系，有些则是依靠词与词之间句法构建的共现关系。词语搭配是学习者内化、习得词汇并产出自然、地道语言的关键，否则它将成为制约语言发展的瓶颈。选择和使用典型的词语搭配，是区分本族语者自然、地道的语言输出与非本族语者"标记语言"的一个重要指标。以句法特征为依据，根据词项的词性特征，词语搭配可分为语法搭配和词汇搭配两类，前者由一个中心词（通常是名词、动词或形容词）和介词或语法结构（例如不定式、动名词或从句）组成的短语或词组。这种搭配通常是约定俗成的，其结构不能任意调整，如有调整就会产生语法错误，属于固定搭配。后者按照意义表达的需要来组合词语，通常是由名词、形容词、动词、副词等相互组合而成，不包括介词、动名词以及从句。

在众多词汇搭配类型中，动词名词搭配因其是语言中最基本的语法范畴，且动名结构是句子组成的核心骨架，故成为词语搭配研究的重要类别。对动宾搭配来说，虽然其语法组合规则相对单一，但动词本身的属性和搭配宾语的类型都比较丰富，所以动宾搭配的用法也较为复杂。对搭配词语的选择不仅需要考虑动词和宾语之间的搭配规则，更重要的是考虑动词和宾语之间的搭配是否符合语义规则及母语者的表达习惯。

常见的词语搭配不当的情形如下：

（1）语法错误搭配。语法错误搭配是指词语的组合不符合词语搭配的语法规则，比如减少（缩小）差距、棒球的（棒球）比赛、住（住的）地方等。

（2）语义错误搭配。语义错误搭配是指词语的组合不符合语义表达方式，对搭配词语的语义范畴使用不准确，比如吃（喝）豆浆。

（3）规则化错误搭配。规则化错误搭配是指词语组合表达的意义正确，但在词语选择上出现错误，比如高层次（高等）学校。

（4）不地道搭配。不地道搭配是指符合词语搭配的句法规则和语义选择，词语意义使用正确，搭配语义表达完整，但不符合语言的表达习惯，比如鸟市场（鸟市）。

句子中任何两个相关成分能否搭配，主要取决于是否符合事理，是否符合语法规则，是否符合语言习惯。现举几个语句成分中搭配不当的例子。

（1）主语同谓语搭配不当。主语和谓语是句子的两个主要成分，只有搭配适当，句子才通顺，表达的意思才准确，否则就会出现语病。例如：

本文采用主成分分析法，对混合羧酸中的丁二酸、戊二酸和己二酸含量进行了测定。

"本文"代替"作者"做主语与谓语在事理上不搭配，应将"本文"改为"作者"或"笔者"；若出现在论文的摘要部分，将"本文"删去即可。

驾驶座椅的振动可以通过调节座椅下弹簧的阻尼力而实现减振。

在该例中，尽管作者想表达"驾驶座椅"可以实现"减振"，但却将"振动"放在了主语的位置上，造成主谓不搭配，"的振动"应删去。

（2）主语同宾语搭配不当。主要涉及由"是"作谓语动词的"是字句"，例如：

食用菌是一种创汇农业，被国际上誉为保健食品。

"食用菌"和"农业"不同类，"农业"应改为"产品"。

能不能得到准确的数据，是做好这个实验的关键。

将"做好"改为"能否做好"，主语和宾语在范围上就相当了。

采用求解法是迭代法和搜索法。

只要在"采用"后边加上"的"字，谓词性主语就变成了名词性主语，这样与名词性宾语就搭配了。

（3）谓语同宾语搭配不当。谓语同宾语搭配不当主要表现为：谓语或宾语选词不当，出现了假宾语。例如：

……，从而消灭了不灵敏相的触电问题。

动词"消灭"应改为"解决"；或将宾语"问题"改为"现象"，这样就符合语言习惯了。

这种催化剂可以促使许多化学反应。

"化学反应"是假宾语，而真正的宾语并没有写出来。应在"化学反应"的后边补上"发生"，这样句子就变得完整了。

通过以上对科技论文中常见的语病现象的分析，笔者认为，在多数情况下，不是作者没有足够的语言表达能力，而是作者忽略了语言表达对论文质量的重要作用。

3.2.4　英文写作中字词的合理选用

在写作中，名词的使用常常出现以下问题：使用抽象名词造成的冗长现象，其纠正方法是用动词代替名词；把一串名词用作形容词，其纠正方法是插入连字符，这样可以让读者更好地理解哪几个名词用作形容词。

有些单词也会被大量误用。比如描述数量时，指代整体或集合时使用"amount"，指代整体中的每一个时应使用"number"，所以"An amount of cash"是正确说法，而"An amount of coins"是错误说法；like 应当用作介词，但经常被误用为连词，若需要连词，则应使用 as，"Like I just said"是不正确的，须更正为"As I just said"；关于从句的引导问题，由"which"引导非限制性定语从句，"that"引导限制性定语从句。此外，若从句中存在时间关系，用"which"通常是对的，否则用"whereas"更好；"varying"意为"正在变化的"，但经常被错误地用来表达"各种不同的"，其正确的表达应该为"various"。此外，在行文中非常忌讳使用 don't、can't、won't、and so forth 及 and soon 等词汇。

上面只是字词使用错误的"冰山一角"，如果作者在撰写英文文章时对词句的使用把握不准，可以查阅谷歌词典或其他英语词典，里面有对词句通俗易懂的解释说明。另外，在用词的过程中还要注意避免"自相矛盾"或者"画蛇添足"的说法。

下面给出英文论文写作过程中常用的一些字词。

（1）研究背景中会提到某科学问题很重要，但某个具体的细节关键我们还不知道，关于"不知道"的表述用词包括 virtually/largely unknown、elusive、unclear、much less explored、surprisingly limited、less understood、unsolved、scarcely understood。

（2）如果是研究某些新材料、新技术等，积极评述自己成果的用词包括 reliability and validity、robust and fundamental、efficiency and specificity、cost-effectiveness(price)、the simplicity of the protocols、the amount of labor required、equipment requirement、necessary or sufficient。

（3）在引用别人文献中的论点论据时，陈述性用词包括 clearly/obviously demonstrate、reveal、illustrate、prove、show、report、indicate、hint、implicate、confirm、describe、propose、suppose、think、believe、consider、deem、take for、regard as。

（4）在引述别人工作时，叙述他人如何开展工作的用词包括 examine、perform、carry out、observe、compare、investigate、indicate、show、manipulate、test、establish、identify、detect、stimulate、analyze、assess、suggest、propose、speculate、determine、find、apply、purify、construct a model、devised a protocol、calculate、categorize、conduct、imply、measure。

（5）关于"方式方法"，叙述他人对某项工作的评价用词包括 plays a central/pivotal/vital key/essential role、a powerful regulator/a key molecular determinant、a well-accepted model、influence、affect、rescue、reverse、lead to、contribute to、attribute to、ascribe to、drop、reduce、increasing、attenuate、ameliorate、improve、mount、accumulate。

（6）文章论述中，有关的"时间表述词"包括 recently、most recently、

at the same time/period、since then、for several decades。

（7）针对重大影响的描述，可以使用的词汇包括 pushing the boundaries recent/enormous advance、progress、knowledge、historic、perspectives、new/novel insights、seminal discovery、an emerging theme、major/important findings、a better understanding。

3.3 造句

句子成分由词或词组充当。现代汉语里一般的句子成分包括主语、谓语、宾语、定语、状语、补语等。英语里句子成分一般包括主语、谓语、宾语、表语、定语、状语、补足语和同位语八种。在进行科技论文写作时，需要重视句式的加工，其涉及语法、修辞和逻辑三个方面。结构正确与否指的是语法，表达准确与否指的是修辞，道理合理与否指的是逻辑，三者中间任何一个出现问题，论文的可阅读性就会大打折扣。

虽然在中文和英文表达中包含很多句子成分，但在论文写作中还是提倡使用简单句，并掌握好句式的语法、修辞和逻辑。

3.3.1 逻辑

不少作者只注重句子的语法与修辞，不注意句子的逻辑，导致概念错误的现象时有发生。比如"实验台在搭建过程中一定要注意人身安全"，此句不仅语法较差，还存在表达缺陷，应改为"在搭建实验台的过程中一定要注意人身安全"。恰当的逻辑关系一般需要逻辑连接词的帮助，它的作用就好比是线，把一个个的论点、论据串联起来，下面给出中英论文写作中常见的逻辑连接词，如表3.2所示。

表 3.2 常用逻辑关系词

逻辑关系	汉语用词	英文用词
并列递进	而且，况且，乃至，还有，并且，再加上，此外，除此之外，另外	and, as well as, similarly, still, moreover, in addition, furthermore, besides, likewise, also, then, additionally
转折	但是，然而，而，只是，不过，相反地	not, but, yet, however, nevertheless, nonetheless, meanwhile, although, otherwise, to the opposite, on the other hand, on the contrary, in contrast, conversely, paradoxically, by contrast, in spite of, rather than, instead of, unfortunately
解释	也就是说，换句话说，简言之，换言之	in other words, in fact, as a matter of fact, that is, namely, in simpler terms
对比	相对地，另一方面，另外	likewise, similarly, in parallel to, while, whereas
原因	因为，原来，原因是，基于	because, because of, as, since, owing to, due to, thanks to, for this reason
结果	因此，所以，以致，以便，于是	therefore, as a result, then, consequently, thus, hence, so, therefore, accordingly, consequently, as consequence for example, for instance, as such, such
举例	比如	as, take ... for example, to illustrate, to name a few
总结	总的来说，一句话	overall, eventually, consequently, in summary, in a word, as a result, together, collectively, thus, hence, on the whole, in conclusion, to sum up, in brief, to conclude, to summarize, in short, briefly
强调	有趣的是，很明显，事实上	surprisingly, interestingly, intriguingly, strikingly, unexpectedly, clearly, obviously, apparently, in fact, indeed, actually, as a matter of fact, undoubtedly, notably, specifically, particularly, especially, firstly, secondly, finally ..., first, ...then... etc.
让步	尽管，当然，确实，纵使，至少	although, after all, in spite of, despite, even if, eventhough, though, admittedly, given that
可能	可以，也许	presumably, probably, perhaps

3.3.2 时态

我们的母语是中文，因此很容易掌握不同情景下不同句式的中文时态，但是对于英文写作，需要注意以下事项：如果科研成果已经发表在权威期刊上，而且该科研成果已成为科学界接受的科学常识，那么在撰写的论文中提及该科研成果时应该使用现在时态，就好像我们说"The ocean is blue"一样；如果已发表的科研成果在后来被证实是错误的，或者已发表的科研成果没有被科学界广泛接受，抑或还没有发表出来的科研成果，那么在论文中提及这部分科研成果时使用过去时态则更为恰当。

具体地，摘要的大部分内容都应该使用过去时态，因为在摘要中主要描述自己的科研成果；在材料与方法部分和结果部分，通常使用过去时态，因为描述的是自己所做的科研工作及自己的科研发现（注：论文中提及论文作者当前的研究工作时应该用过去时态，论文中作者本人的研究工作只有在发表后才是科学知识）；引言部分和讨论部分的很多内容应该使用现在时态，因为通常这两部分着重描述前人已做的工作，并被验证为真的客观规律和事实（引用别人工作的动词往往采用过去式）；结论部分有可能会叙述撰写论文之后发生的动作或存在的状态（例如提出下一步的研究方向），这时采用一般将来时。

对于各种时态，现举一些实例。

1. 过去时

用于描述自己的方法和结果。

（1）在撰写科技论文时，你已经完成了有关研究、设计和实验工作，因此在描写自己的研究方法以及叙述自己研究结果时，动词要用过去时。例句：

We hypothesized that adults would remember more items than children.

（2）在描述别人的相关工作时，动词要用过去时。例句：

Smith reported that adult respondents in his study remembered 30 percent more than children.

这里 Smith 的研究是在过去做的，他的发现具有领域的特殊性。

（3）在引用别人已完成的工作时，动词要用过去时。例句：

Previous research showed that children confuse the source of their memories more often than adults.

showed 是以前的研究结果表明，用过去时，表明的结果 confuse 用一般现在时，因为这项以前的研究结果在今天已被广泛接受。

（4）在描述一些已经过时或失效的科研结果时，动词要使用过去时。例句：

Nineteenth-century physicians held that women got migraines because they were "the weaker sex," but current research shows that the causes of migraine are unrelated to gender.

注意这里从过去时态过渡到现在时态。

2. 现在时

用于表达那些恒定真实的事实。

（1）现在时用于描述一般真理、事实、结论，它们经过研究证实并且不可能再变化。换言之，我们用现在时表达恒定真实的事实或结论。例句：

Galileo asserted that the earth revolves the sun.

伽利略断言，地球绕着太阳运行。这里的"断言"用过去时态，但是"运行"却用现在时，因为地球绕太阳运行是不会变化的。

（2）在引用文章内部的图表时要用现在时。例句：

Table 3 shows that the main cause of weight increase was nutritional value of the feed.

表3表达的是一个事实，而且这个事实不会因为读者不同而改变，所以要

用现在时。

（3）在结论中的讨论，描绘新方法、新结果的意义时可以用现在时。例句：

Weight increased as the nutritional value of feed increased. These results suggest that feeds higher in nutritional value contribute to greater weight gain in livestock.

注意：这里用过去时描述了实验发现，但在讨论这个发现的意义时用的是现在时。

3. 将来时

常用在结论部分对某现象做出推测，或对未来工作进行展望。在科技论文最后一节较为常用，在其他章节要慎用。例句：

We believe this technology will have a wide range of applications in the future.

这句话预期了该项技术在未来的应用。

3.3.3 语态

在科技论文写作中，语态主要包括主动语态和被动语态，它们各司其职，不可随意使用。主动或被动语态的主要差别在于要强调的是哪个方面，如果强调的是动作的实施主体，就用主动语态；如果强调的是动作实施的对象，就用被动语态。

主动语态的主语是谓语动作的使动方，也就是说谓语的动作源自主语，而施加于宾语。相反，被动语态中，主语是谓语动作的受动方，如果有宾语的，宾语往往是谓语动作的使动方。在语法结构上，主动语态和被动语态的区别主要在于：主动语态直接使用动词原形作为谓语，然后再在该动词原形的基础上施加时态和其他语法；而被动语态则使用系词加动词的过去分词作为谓语，各种时态和其他语法也施加在系词上。例句：

- 主动：×××studied the stability of that algorithm.

- 被动：The stability of that algorithm was studied by xxx.

意义均为：×××研究了那个算法的稳定性。

英语中的被动语态使用得比汉语要普遍，一般说来，当强调动作承受者，不必说出执行者或含糊不清的执行者时，多用被动式。须注意的是，许多地方与汉语不同：那些汉语中没有"被……"的意思，英语却用被动语态；英语的被动语态往往由"by"引出，而有用介词"by"的短语往往又不是被动态，而是系表结构，又如...known to man（人类……所知）、on foot（步行，美国人有时用by foot）、in carriage（乘四轮马车）等等；注意假主动的用法，如so heavy to carry而不用so heavy to be carried等习惯用法。

另外，不及物动词带有同源宾语的动词，反身代词的动词和系动词都没有被动形式。即便如此，英语中的不定式、动名词、分词，以及它们的复合结构的被动态，再加上情态动词、助动词以及它们的疑问式和否定式从中掺杂，仍是一件令人头痛的事。

还要特别注意一些不使用被动语态的情况。

（1）不及物动词或动词短语无被动语态，如 appear、die、disappear、end、fail、happen、last、lie、remain、sit、spread、stand、break out、come true、fall asleep、keep silence、lose heart、take place。

比较：rise、happen 是不及物动词，没有被动语态；raise、seat 是及物动词，可以使用被动语态。表3.3是这几个词的错误、正确用法对比情况。

表3.3 及物、不及物动词的正确用法

错误表达	正确表达
The price has been risen.	The price has risen.
The accident was happened last week.	The accident happened last week.
The price has raised.	The price has been raised.
Please seat.	Please be seated.

要想正确地使用被动语态，就须注意哪些动词是及物的，哪些是不及物的。特别是一词多义的动词往往有两种用法。解决这一问题唯有在学习过程中多留意积累。

（2）不能用于被动语态的及物动词或动词短语，包括 fit、have、hold、marry、own、wish、cost、notice、watch、agree with、arrive at/in、shake hands with、succeed in、suffer from、happen to、take part in, walk into、belong to 等。例句：

This key just fits the lock.

Your story agrees with what had already been heard.

（3）系动词无被动语态，如 appear、be、become、fall、feel、get、grow、keep、look、remain、seem、smell、sound、stay、taste、turn 等。例句：

It sounds good.

（4）带同源宾语的及物动词、反身代词、相互代词不能用于被动语态，如 die、death、dream、live、life。例句：

She dreamed a bad dream last night.

（5）当宾语是不定式时，很少用于被动语态。比如，我们可以说 She likes to swim，但很少表达成 To swim is liked by her。

3.3.4 英语表达常见句型结构

1. 表达研究主题的重要性

（1）One of the most significant current discussions in legal and moral philosophy is ...

（2）It is becoming increasingly difficult to ignore the ...

（3）X is the leading cause of death in western industrialized countries.

（4）Xs are one of the most widely used groups of antibacterial agents and ...

（5）Xs are the most potent anti-inflammatory agents known.

（6）X is an important component of the climate system and plays a key role in Y.

（7）In the new global economy, X has become a central issue for ...

（8）In the history of development economics, X has been thought of as a key factor in ...

（9）The issue of X has received considerable critical attention.

（10）X is a major public health problem and the cause of about 4% of the global burden of disease.

（11）X is an increasingly important area in applied linguistics.

（12）Central to the entire discipline of X is the concept of ...

（13）X is at the heart of our understanding of ...

2. 表达研究主题重要性（当给出时间范围时）

（1）Recent developments in X have heightened the need for ...

（2）In recent years, there has been an increasing interest in ...

（3）In the arena of X, there has been a recent surge in interest and research.

（4）Recent developments in the field of X have led to a renewed interest in ...

（5）Recently, researchers have shown an increased interest in ...

（6）Since 1949 the submarine area off X has undergone intensive investigation ...

（7）The past thirty years have seen increasingly rapid advances in the field of...

（8）Over the past century, there has been a dramatic increase in ...

（9）In the past two decades, a number of researchers have sought to determine ...

（10）X proved an important literary genre in the early Y community.

（11）One of the most important events of the 1970s was ...

（12）Traditionally, Xs have subscribed to the belief that ...

（13）X was widespread in the Middle East in the 1920s.

3. 文献综述

（1）Recently investigators have examined the effects of X on Y.

（2）Previous studies have reported ...

（3）A considerable amount of literature has been published on X. These studies ...

（4）Surveys such as that conducted by Smith showed that ...

（5）The first serious discussions and analyses of X emerged during the 1970s with ...

（6）Recent evidence suggests that ...

（7）Several attempts have been made to ...

（8）Some researchers have reported ...

（9）Xs were reported in the first models of Y.

（10）What we know about X is largely based upon empirical studies that investigate how ...

（11）Studies of X show the importance of ...

4. 强调先行研究中存在的问题

（1）However, these rapid changes are having a serious effect ...

（2）However, a major problem with this kind of application is ...

（3）Lack of X has existed as a health problem for many years.

（4）Despite its safety is considered, X suffers from several major drawbacks.

（5）However, research has consistently shown that first-year students have not attained an adequate understanding of ...

（6）There is increasing concern that some Xs are being disadvantaged ...

（7）Questions have been raised about the safety of prolonged use of ...

5. 强调学科领域内的各种争论

（1）To date, there has been little agreement on what ...

（2）More recently, literature has emerged that offers contradictory findings about ...

（3）In many Xs, a debate is taking place between Ys and Zs concerning ...

（4）The controversy about scientific evidence for X has raged unabated for over a century.

（5）Debate continues about the best strategies for the management of...

（6）This concept has recently been challenged by ... studies demonstrating ...

6. 强调学科领域内的知识缺口

（1）So far, however, there has been little discussion about ...

（2）Little is known about X and it is not clear what factors ...

（3）However, far too little attention has been paid to ...

（4）In addition, no research has been found that surveyed ...

（5）So far, this method has only been applied to ...

（6）However, the evidence for this relationship is inconclusive ...

（7）What is not yet clear is the impact of X on ...

（8）The neurobiological basis of this X is poorly understood.

（9）However, much uncertainty still exists about the relation between ...

（10）Until recently, there has been no reliable evidence that ...

（11）However, there have been no controlled studies that compare differences in ...

（12）Several studies have produced estimates of X, but there is still insufficient data for ...

（13）No previous study has investigated X.

（14）Although extensive research has been carried out on ..., no single study exists which ...

7. 强调先行研究的不足

（1）Most studies in the field of X have only focused on ...

（2）Most studies in X have only been carried out in a small number of areas.

（3）The generalizability of much-published research on this issue is problematic.

（4）The experimental data are rather controversial, and there is no general agreement about ...

（5）Such expositions are unsatisfactory because they ...

（6）However, few writers have been able to draw on any structured research into the opinions and attitudes of ...

（7）The research to date has tended to focus on X rather than Y.

（8）The existing accounts fail to resolve the contradiction between X and Y.

（9）Researchers have not treated X in much detail.

（10）Previous studies of X have not dealt with ...

（11）Half of the studies evaluated failed to specify whether ...

（12）However, much of the research up to now has been descriptive in nature ...

（13）Although extensive research has been carried out on X, no single study exists that adequately covers ...

（14）However, these results were based on data from over 30 years ago and it is unclear if these differences still persist.

（15）X's analysis does not take account of ..., nor does he examine ...

8. 陈述研究目的

（1）Part of the aim of this project is to develop software that is compatible with the X operating system.

（2）The main purpose of this study is to develop an understanding of ...

（3）There are two primary aims of this study: 1. To investigate ... 2. To ascertain ...

（4）The aim of this research project has therefore been to try and establish what ...

（5）This study aims to investigate the differences between ...

（6）The main aim of this investigation is to assess the doses and risks associated with ...

（7）This thesis intends to determine the extent to which ...and whether ...

（8）This thesis will examine the way in which the ...

（9）This research examines the emerging role of X in the context of ...

（10）This dissertation seeks to explain the development of ...

（11）Drawing upon two stands of research into X, this study attempts to ...

（12）The aim of this study is to shine new light on these debates through an examination of ...

（13）The major objective of this study was to investigate ...

（14）One purpose of this study was to assess the extent to which these factors were ...

（15）The objectives of this research are to determine ...

（16）This study systematically reviews the data for..., aiming to provide clarity surrounding the role of ...

9. 提出研究问题或假设

（1）The central question in this dissertation asks how ...

（2）In particular, this dissertation will examine six main research questions:

（3）The hypothesis that will be tested is that ...

（4）The key research question of this study was thus whether or not ...

（5）This study aimed to address the following research questions:

（6）Another question is whether ...

10. 介绍研究方法及数据来源

（1）This dissertation follows a case-study design, with an in-depth analysis of ...

（2）This study was exploratory and interpretative in nature.

（3）The approach to empirical research adopted for this study was one of a qualitative, semi-structured interview methodology.

（4）By employing qualitative modes of inquiry, I attempt to illuminate the ...

（5）This work takes the form of a case study of the ...

（6）Both qualitative and quantitative methods were used in this investigation.

（7）Qualitative and quantitative research designs were adopted to provide both descriptive, interpretive and empirical data.

（8）A holistic approach is utilized, integrating literary, humanistic and archaeological material to establish ...

（9）The research data in this thesis is drawn from four main sources:...

（10）The study was conducted in the form of a survey, with data being gathered via ...

（11）Five works will be examined, all of which ...

11. 阐述研究的局限性

（1）Due to practical constraints, this paper cannot provide a comprehensive review of ...

（2）It is beyond the scope of this study to examine the ...

（3）The reader should bear in mind that the study is based on ...

（4）Another potential problem is that the scope of my thesis may be too broad.

（5）A full discussion of X lies beyond the scope of this study.

12. 阐述产生研究兴趣的原因

（1）My main reason for choosing this topic is personal interest.

（2）I became interested in Xs after reading many of those articles in the national press which quoted evidence, often anecdotal, of ...

（3）This project was conceived during my time working for X. As a medical advisor, I witnessed ...

13. 简要阐释论文结构

（1）The overall structure of the study takes the form of six chapters, including this introductory chapter.

（2）My thesis is composed of four themed chapters.

（3）Chapter Two begins by laying out the theoretical dimensions of the research, and looks at how ...

（4）The third chapter is concerned with the methodology used for this study.

（5）The fourth section presents the findings of the research, focusing on the three key themes that have been identified in the analysis.

（6）The final chapter draws upon the entire thesis, tying up the various theoretical and empirical strands in order to ...

（7）Finally, the conclusion gives a brief summary and critique of the findings, ...and includes a discussion of the implication of the findings to future research into this area.

（8）Finally, areas for further research are identified.

14. 解释关键词组

（1）While a variety of definitions of the term X have been suggested, this dissertation will use the definition first suggested by Smith who saw it as ...

（2）Throughout this paper, the term X will refer to/will be used to refer to ...

（3）In this dissertation, the acronym/abbreviation XYZ will be used.

（4）According to ... X can be defined as follows; "X is one of ".

（5）The term X is a relatively new name for ..., commonly referred to as ...

（6）This definition is close to that of Smith (2009) who defined X as ...

3.4 常见语病

科技论文中频繁出现的语言差错（错别字、病句等）会让文章质量大打折扣，影响作者的学术形象和论文的顺利传播，应该引起足够的重视。科技论文写作中常见的语法错误主要有用词不妥、搭配不当、语序混乱、表述不清、成分残缺等。

3.4.1 用词不妥

不管是汉语还是英语，各类词都有其不同的语法特点和适用范围，要慎重选词，避免用词不妥。

实验过程中，我们会对每一组数据详细记录下来。

这句话存在虚词使用不当的语法错误，应将"对"改为"把"。

用硫酸铜溶液和盐酸混合起来作为终止液，效果很好。

将"用"改为"把"或"将"，才符合语言习惯。

对平均相对误差的定义应结合实际的系统结构来界定。

"结合"一词用词不当，应改为"根据"。

我们可以从超声测量来估计胎儿体重。

"从"字误用，应改为"应用"。

整整四百吨左右的塔桅起重机，可沿轨道行走，进行不同角度的吊卸，就位非常方便。

定数与约数混用造成自相矛盾的错误，删除其中一个，或者两个都删除，表示确切的四百吨。

利用无人机搭载巡检设备进行巡检，不仅能提高巡检效率，降低巡检成本，更重要的是不会造成人员事故的伤亡。

"不仅……而且"表递进，不能随意改变固定搭配，将"更重要的是"改为"而且"。

手工录入资源信息的方式，无法及时反应网络资源的占用情况。

"反应"和"反映"混淆误用，将"反应"改为"反映"。

按照变电站"五防"要求，当隔离开关与断路器之间的一次接线发生变化后，其电气闭锁回路的改变是必须的。

"必须"应改为"必需"。

固定翼无人机和小型旋翼机是最近几年才挖掘出来用于巡线的。

"挖掘"一词不妥，将"挖掘"改为"研制"。

含Zr合金存在晶界内氧化，晶内氧化速度比晶界约慢一倍。

倍数词使用不当。倍数词只能用于增加，不能用于减少。如从10减至1，应说减少9/10，不能说减少了9倍。本句可改为：含Zr合金存在晶界内氧化，晶界氧化速度比晶内约快一倍。或将原句的"慢一倍"改为"慢二分之一。"

加入总量约3%左右的铜、铬、镍等元素，可降低腐蚀达50%以上。

概数词使用不当。不能用两个概数词"约"和"左右"来表示一个概数，应去掉其中一个。"达"与"以上"同时存在，会使意义产生矛盾，"达"表示"50%"是上限，"以上"表示"50%"是下限，故应去掉其中一个。

材料中形成"塑性台阶"的能力愈强，过界扩展的能耗也随着增加。

关联词使用不当。"愈……愈……"是成对出现和彼此呼应的关联词，不能省去其中任一个。本句可改为：材料中形成"塑性台阶"的能力愈强，过界扩展的能耗就愈大。

3.4.2 搭配不当

词语搭配不当的原因主要在于词语之间意义上的联系缺乏逻辑性，写作中应该准确掌握所使用的词的特点和意义。

大学学报的综合性，限制了其学术影响力的发挥。

"影响力"常与"提高"搭配，因此，将"发挥"改为"提高"才合适。

超临界流体在螺旋通道内的流动不利于减少壁面温度差距。

这句话中的"减少"和"差距"不搭配，是典型的搭配不当的问题，可以将"减少"改为"缩小"。

对于工程施工中存在的问题，相关监理部门应给予及时的纠正。

该句中的"问题"并不一定是指错误，与"纠正"搭配不当，可以将"纠正"改为"处理"。

这种超声波能量不仅能够促进许多化学反应，甚至还可以改变某些化学反应。

前半句"促进"的宾语和后半句"改变"的宾语"化学反应"表述不清，需要将"化学反应"作为定语修饰一个适合搭配的宾语，分别是"的进行"和"的方向"，修改后的完整句子应该为"这种超声波能量不仅能够促进许多化学反应的进行，甚至还可以改变某些化学反应的方向"。

这种催化剂可以促使许多化学反应。

"化学反应"是假宾语，而真正的宾语并没有写出来，"促使"和"化学反应"不搭配，应在"化学反应"的后边补上"发生"。此句也可视为是句子成分残缺。

通过有效的改进方案，成功克服了磁盘阵列故障风险问题，提高了数据库稳定性，确保了电网调度安全可靠。

"克服"与"问题"不能搭配，将"克服"改为"解决"。

电力行业的专利申请量持续增长，表明电力行业专业技术人员研究开发

水平和专利意识不断增强。

两个并列的对象共用一个谓语,这种情况对简化表达有一定的帮助,但非常容易造成其中一个对象与谓语的不匹配,该句中"水平"不能说"增强",应将两个对象拆分开来分别进行表述。完整修改为,电力行业的专利申请量持续增长,表明电力行业专业技术人员研究开发水平得到不断提高,专利意识在不断增强。

采取何种方式成功稳住电网是单网平稳运行的关键。

句中"采取何种方式"即采用的方式是不确定的,不能说是"单网平稳运行的关键"主语是疑问式,宾语也应是疑问式,所以应改为,采取何种方式成功稳住电网是能否实现单网平稳运行的关键。

及时地合理地使用抗生素控制感染是治疗成败的关键。

成败是指成功和失败两个方面,前面的"及时地合理地"仅指成功,所以应将"治疗成败"改为"治疗成功"。

近几年来10 kV开关柜问题和事故率居高不下,对电网和设备的安全运行构成了极大的影响。

"问题"和"居高不下"不匹配,"构成"和"影响"不匹配,修改为,近几年来10 kV开关柜问题导致的事故率高居不下,对电网和设备的安全运行造成了极大的影响。

电力培训中心设有投影仪、计算机、液晶电子板、多媒体平台等多种教学设备俱全。

此句中"设有"和"俱全"糅杂,"教学设备"同时成为"设有"的宾语和"俱全"的主语。这种情况在句子结构较长时更为常见,写到后面忘记了前面句子的结构,改变了原有句子的表述方式,增加了句子成分,导致前后不匹配。

进行测量杆塔模型系统的冲击响应小模型试验的目的是为了校验感应电荷计算方法的正确性。

"目的是"和"为了"都是表示目的，放在一块重复，删除一个即可。

B超检查是一种临床广泛应用的影像诊断技术并可以进行介入疗法。

"进行"与"疗法"搭配不当，把"进行"改为"用于"，或者保留"进行"把"疗法"改为"治疗"。

这种第二代的细小马氏体和奥氏体错综交织在一起，光学显微镜的分辨率很难分辨。

主谓搭配不当。"分辨率"与"分辨"不能搭配。应让"光学显微镜"作主语，删去"的分辨率"，或修改为：光学显微镜由于分辨率不高很难分辨。

在较高温度下，一般发生晶向型断裂，为了解释这种现象，罗斯早在1917年就提出了等强温度。

谓宾搭配不当。"提出"只能与问题、意见和理论等搭配，不能直接与"等强温度"搭配，故原句句末应加"的理论"或"的概念"。

3.4.3 语序混乱

语言顺序是有规律的，它既有时间顺序，也有过程顺序，还有空间顺序。如果打乱它们之间的顺序，语法关系和语意便不相同，就会造成结构混乱。由于语序排列的混乱，常会引起语言、逻辑和语意上的错误。在多个定语修饰中心语时要特别注意，跟中心语关系越密切的定语要靠近中心语。

平衡与不平衡是两个意思相反的概念。

"两个"与"概念"的关系更为密切，所以应改为"平衡与不平衡是意思相反的两个概念"。

常见的绝大多数的喜温耐热的蔬菜起源于高温多雨的热带。

"蔬菜"的定语有三个，越是重要的定语应该离中心词越近，离中心词越近的定语越是不能省略的定语。按此原则，"常见的"应该与"绝大多数的"互换位置，而且有些"的"可以省略，修改后的完整句子应该为"绝大多数常见的喜温耐热的蔬菜起源于高温多雨的热带"。

输变电设备为了有效提升防污闪能力和水平,在防污改造方面采用了室温硫化防污闪涂料技术。

"输变电设备"放在句首不仅使状语位置不对,而且占据了主语的位置,造成与"提升"语义上不搭配,可改为:为了有效提升输变电设备防污闪能力和水平,在防污改造方面采用了室温硫化防污闪涂料技术。

两处焊缝的缺陷决定采取挖掘补焊的方法进行消除。

"缺陷"无法成为"决定"的主语,只能作为"消除"的宾语,前后语序混乱,改为:(技术人员)决定采取挖掘补焊的方法消除两处焊缝的缺陷,或改为:对于两处焊缝的缺陷,(技术人员)决定采取挖掘补焊的方法进行消除。

以细菌为例,首先是青霉素应用于临床不久,金葡菌即产生青霉素水解酶而耐药。

句中状语"青霉素应用于临床不久"位置抢前,应将"金葡菌"提前,补全状语的表达,增加"在",修改为:以细菌为例,首先是金葡菌在青霉素应用于临床不久,即因产生青霉素水解酶而耐药。

我们的实验标本采自外周血。

该句话因受外来语影响而富有"洋味",不符合中文表达习惯。应改为:我们从外周血采集实验标本。

在高温下通过镁的蒸发保持一稳定的镁压力。

镁应该回归主语的位置置于句首,可以改为:镁在高温下通过蒸发保持一稳定的镁压力。

每个配方测6个试样,舍去明显不合理的数据,得到算术平均的抗拉强度值及其标准偏差。

多项定语语序不当。"算术平均"和"抗拉强度"均为中心词"值"的定语,但"算术平均"与中心词"值"之间不能加"的",不能拆开,故末句应改为，得到抗拉强度的算术平均值及其标准偏差。

本文采用溶解平衡法在前文的基础上测定了钙在液态锰中的溶解度。

多项状语语序不当。在多项状语中，一般情态状语应在最前面，故本句情态状语"在前文基础上"应与方式状语"采用溶解平衡法"对换位置。

固体在液体里是沉还是浮，决定于浮力比固体的重量大还是小。

一个物体如果浮力大就会浮起来，如果浮力小就会沉下去，因此，句子中的"沉"应与浮力的"小"对应，"浮"应与"大"对应。应改为：固体在液体里是沉还是浮，决定于浮力比固体的重量小还是大。

3.4.4 表述不清

稀土元素的用途很广，这些情况表明了稀土元素在国民经济发展中具有重要的作用。

"这些情况"指代不明，容易造成语意含糊不清，去掉后的表述更为清晰。

调查结果表明，某些化学物质如亚硝胺、吸烟和遗传，均可成为诱发肿瘤的因素。

句中3个并列语词分别属于化学物质、人类行为和生理现象，其性质并非同类。三者并列后作为主语，共同使用谓语"成为"显然不够严谨。另外，该句语意含混，有将"吸烟和遗传"视为"化学物质"之嫌。可修改为：调查结果表明，某些化学物质如亚硝胺、黄曲霉素、尼古丁等，均可成为诱发肿瘤的因素，吸烟和遗传也是不可忽视的因素。

原材料为纯Ni、Al和Ni-B合金，按合金配比在真空感应炉中熔炼成试样。

存在歧义。从句中看，Al可能是纯Al，也可能是一般Al，因而产生歧义。若原意是纯Al，应在"Al"前加"纯"字；若原意是一般Al，则可将"纯Ni、Al"改为"Al、纯Ni"。

将所得的合金试样制成100 μm左右的薄片。

100 μm是否是指厚度，交代不清，造成费解。因此在"制成"之后面加"厚"字。

硅酸铝系纤维高温荷重变形曲线在某些温度范围内有激烈变化与硅酸铝系纤维热退化过程相吻合。

句式杂糅。两句混杂在一起，中间未断句，同时，两个"硅酸铝系纤维"后面缺结构助词"的"。可改为：硅酸铝系纤维的高温荷重变形曲线在某些温度范围内有激烈变化，这与硅酸铝系纤维的热退化过程相吻合。

3.4.5 成分残缺

成分残缺是指句子应该具备的语法成分残缺不全，改变了全句的内在结构，影响了基本语意的表达。在科技论文写作中，这种现象普遍存在于句子的主干部分或次要部分。特别是当定语过多或过长时，过多注意力集中在定语上，误将定语用作主语或宾语，造成了定语中心语缺失。

由本实验，表明自体血液回输机具有及时、高效、安全的特点。

该句的错误在于滥用介词结构，句首的介词"由"与后面的名词性词语"本实验"构成介词短语，使主语"本实验"变成介词结构的宾语，使其失去主语的地位，导致这个句子主语缺失，修改策略是去掉"由"及"本实验"后的逗号。

随着电力设备电压等级的不断提高，对电力设备运行的可靠性提出了更高的要求。

应删去"随着"，其后的介词宾语即成为主语。

调整每台磨煤机的煤量后，使同层燃烧器的煤粉量分布更加均匀。

使动词的宾语本应是句子的主语，使动词的出现，导致其主语地位丢失，应将"使"动词删除。

通过对现场实测厂用干式变压器直流电阻不平衡的分析和讨论，得出低压引线结构不合理是不平衡的主要原因。

"得出"一词缺少宾语,搭配"结论"一词更为合理,但加在句子最后,结论的定语又太长,将"得出"改为"结果显示"更为合理。

由于免疫组织化学技术操作的复杂性,使得这一技术在基层病理科难以很快推广。

介词"由于"与动词"使"连用导致句子丢失了主语,造成成分残缺。修改方法可以删除"由于",或者删除"使得"。

一旦拟诊十二指肠旁疝应立即剖腹探查术。

能愿动词"应"和副词"立即"的后面缺少动词谓语,原因可能是误把专有名词"剖腹探查术"视为动词性词组。应在"立即"后面加上动词"进行"充当谓语。

当大量蒸汽存在时,在压力下,温度大于816 ℃时,耐火材料中的SiO_2与水蒸气作用生成气态水化物。

修饰语残缺。在"压力"之前应添加"一定"或"某"之类的修饰词。

利用不同闪烁晶体特征发光衰减时间常数的差异制成的复合晶体探测器近年来取得了许多成果。

"近年来"的前面似乎是这个句子的主语部分,其中心语是"复合晶体探测器"。但是仔细分析整个句子的结构发现,这个句子陈述的对象并不是"复合晶体探测器",而是有关"复合晶体探测器"的研究,所谓的主语其实是一个复杂定语,定语太长造成主语缺失。应该在复合晶体探测器后增加"的研究",作为整个句子的主语。

己二腈残渣的处理问题已引起有关专家的注意,并开展了研究工作。

后一分句缺主语,可改为:有关专家已注意己二腈残渣的处理问题,并开展了研究工作。

3.5 英文写作的相关建议

我们在进行英文科技写作时，先仔细阅读几篇在顶级英文期刊发表的相关论著，再编制论文各部分的常用单词短语列表，撰写论文时参照这些列表。对于文字编辑等人对自己论文所做的修改，也可以编制一张列表并经常参照，以提升自己的英语水平。

遣词造句尽量简单，不要使用又长又难的字词，也不建议撰写长句和复杂句。科技论文的目的是进行科技交流，而非向读者显示其高超的英语文学水平。论文的许多读者是母语非英语的人士，他们懂得的英语可能没有作者那么多，用简单明了的英语撰写出来的论文更容易为读者所理解，即便对母语是英语的人士而言亦是如此。

提交论文前，最好请人审阅一遍。审阅者应当精通英语写作并且精通科技写作与论文编辑。如果一篇论文内容优秀但语言欠佳，期刊会退回稿件，并建议作者请英语专家进行编辑，然后再次投稿。如果要求较高的话，可以请专业的英语专家进行润色。但要注意英语专家即便能够纠正语法错误、用词错误，但可能无法发现专业表达的错误，还可能无意中引入新错误。

开始撰写论文时，即便自己的英语水平再高也无法保证每一个用法都是合适的，这时可以依靠一些科技英语写作的在线资源，比如：

（1）Grammarly[①]：可以智能识别语法词汇问题，一键点击修改；个性化定制写作需求（包括英美式英语，目标阅读人群，文体风格等）；直接退出也能自动保存，下次打开直接还原上次写作内容；网页英文填写也能自动识别修改；支持外部文件直接导入；自带学术不端分析和查重功能。

（2）Deepl[②]：一个德国开发的翻译网站，支持多种语言翻译，没有机翻的味道，如果对某个词不满意，可以直接点击替换同义词。

---

① https://www.grammarly.com/
② https://www.deepl.com/

（3）QuillBot[①]：一个能够更改话术的神器，可以轻松转换主被动语态，转化名词性质的结构和动词性质结构。

（4）Wordtune[②]：具有五大实用功能：rewrite it/同义改写、shorten it/缩句、 expand it/扩句、make it casual/改写成日常用语、make it formal/改写成正式用语。

（5）ChatGPT[③]：人工智能聊天机器人，根据提示输入进行内容生成。

3.6 工具书及其应用

提高写作能力并非一朝一夕之事，而是一个长期渐进的过程。平常除了多练习、多总结、多看优质范文以外，还要善于借助一些写作技巧类的指导书。整理了以下10本与写作相关的工具书，以此来帮助大家尽快提高写作水平。

3.6.1 《科技论文写作规则与行文技巧》

作者高烽，研究员，享受国务院政府特殊津贴。1966年毕业于西安军事电信工程学院，长期从事制导技术研究和《制导与引信》杂志编辑工作。全书分6章，第1章概述科技论文的基础知识；第2章介绍八种字符（汉字、字母、数字、量符号、单位符号、数学符号、标点符号和图形符号）的编写规则；第3章介绍四种基本单元（章节、公式、插图和表格）的编排规则；第4章介绍九种结构要素（题名、署名、摘要、关键词、引言、正文、结论、附录和参考文献）的撰稿规则；第5章介绍科技论文的行文技巧；第6章介绍科技论文的稿件格式。该书强调科技论文写作的"859规则"与"十二字口

---

① https://quillbot.com/
② https://www.wordtune.com/
③ https://openai.com/chatgpt

诀"。"859规则"是科技论文写作的基本规则——8种字符规则、5种要素规则、9种结构规则。"十二字口诀"是科技论文写作的基本技巧——举纲张目、简明扼要、循规蹈矩。书中还配备了关于物理量及其单位的附录，其中包括614个量符号和44个单位符号，便于科技写作人员查阅。

3.6.2 《芝加哥大学论文写作指南》（A Manual for Writers of Research Papers, Theses, and Dissertations）

一本由芝加哥大学出版社出版的学术写作指南，作者是 Kate L. Turabian，该指南最初由她在 1937 年所写的《学生论文写作指南》（A Manual for Writers of Term Papers, Theses, and Dissertations）衍生而来。此后，该手册经过多次修订补充，目前已更新至第九版，成为学术写作领域的重要参考书。该指南旨在帮助学生和学者撰写高质量的论文、学位论文和学术著作，阐述了学术写作的一般原则和常见问题，特别是格式规范方面，涵盖了文献引用、参考文献格式、页眉页脚、页码、图表等方面的详细要求。

3.6.3 《写作科学》（Writing Science）

美国加州大学圣塔芭芭拉分校教授 Joshua Schimel 撰写的一本科学写作指南，目的是帮助科学家更好地撰写出高质量的科技论文、研究报告和基金申请书。该书着重强调了科学写作中的逻辑性、清晰性和故事性，并提供了实用的写作技巧和策略，帮助科学家更好地理解科学写作的要素和标准。

3.6.4 《从研究到手稿：科学写作指南》（From Research to Manuscript: A Guide to Scientific Writing）

Michael Jay Katz 编写的一本科学写作指南，主要介绍如何将科研成果转化为高质量的科学论文，并以此来提高学术研究的影响力。科学写作是一个系统化的过程，需要认真分析和组织研究成果，以便在高质量的科学论文中表达出来。书中详细介绍了如何写作科学论文的各个部分，包括引言、方法、结果、讨论等，并提供了一些技巧和示例来帮助读者更好地理解和应用这些方法。此外，书中还介绍了如何回应审稿人的评论、如何准备并提交稿件，以及如何撰写项目申请书、综述文章和科学报告等其他形式的科学写作。总的来说，这本书是一本非常有用的科学写作指南，可以帮助学者和研究人员在科学写作中更加自信和高效。

3.6.5 《牛津写作指南》（*The Oxford Essential Guide to Writing*）

这是一本涵盖了不同类型写作文体（包括学术论文、科技论文、商业信函、新闻报道、小说等）的简明写作指南，由牛津大学出版社出版，旨在为写作者提供有关如何提高写作技巧和表达清晰的指导，从日记记录、列提纲、词语的选择、标点符号的运用等多个方面，教会读者如何从无到有地进行构思，如何清晰得体地表达自己的想法，写出令人信服的文字。

它强调了准确性、简洁性和清晰度的重要性，提供了许多实用的建议和技巧，例如如何选择单词、如何组织段落和章节、如何使用标点符号等。此外，该书还提供了许多例子和练习，帮助读者实践所学知识并提高自己的写作水平。

3.6.6 《芝加哥格式手册》第16版（*The Chicago Manual of Style, 16th Edition*）

本书将书报杂志出版过程的具体流程、英语语法、数字写法、拼写常见错误、英文缩写、英文文章中外语词汇书写方式等令人头疼的细节都做出了详尽的规范。当我们在修改英文论文且拿不准主意时，翻一翻这本书，总能找到满意的答案。它是一部非常完整的英文写作规范指南。

3.6.7 《中式英语之鉴》（*The translator's guide to Chinglish*）

作者是 Joan Pinkham，美国职业翻译家，毕业于哥伦比亚大学巴纳德学院。攻读硕士学位期间，获富布赖特（Fulbright）奖学金赴巴黎大学学习。毕业后，在世界卫生组织联合国总部联络处工作10年，担任双语秘书。这本书非常适合需要进行英文写作或翻译的人群，能够有效地校正其不地道的英文。

3.6.8 《写作风格的意识》（The Sense of Style）

本书是世界知名语言学家、TED演讲人、《语言本能》作者史蒂芬·平克的著作。该书告诉读者，英语写作也可以是一场迷人的心智旅程；学习了一定的方法和技巧，并经过假以时日的练习，就能写出论述清晰而又兼具风格的英语好文章。

3.6.9 《风格的要素》（The Elements of Style）

这本被誉为"全球英语写作经典"的英语写作指南，成为英语学习者和写作者的必读之书。本书的作者威廉·斯托克（William Strunk Jr.）是美国康奈尔大学的英文系教授，也是英语语法和写作文法方面的专家。他在书中阐述了英文用法和英文写作基本规则，以及写作格式、常犯的写作错误等。本书旨为非英语专业的学生提供一些实用的英文写作技巧，被很多大学用作英语专业教材，而且很适合英语自学者当参考书。全书共包括：Elementary Rules of Usage（11条"英语用法的基本规则"）、Elementary Principles of Composition（11条"写作的基本原则"）、A Few Matters of Form（写作格式的注意事项）、Words and Expressions Commonly Misused（常被误用的单词或短语）以及 Spelling（拼写），共五章内容。

3.6.10 《写作法宝》（On Writing Well）

这几乎是所有的写作书单上都会出现的一本书，非小说类文学作品的经典写作指南，被《纽约时报》誉为"写作圣经"。作者是 William Zinsser，作家、编辑和教师。他曾在耶鲁大学和哥伦比亚大学任教,并长期为美国的领军杂志撰稿,被《华盛顿邮报》称为是50年来最具影响力的写作教师之一。从出版至今,*On Writing Well* 的销量已高达两百多万册,目前最新的版本是2016年发行的。全书分为4个部分:原则(Principles)、方法(Methods)、形式(Forms)和心态(Attitudes)。整本书的思路非常清晰,语言也很流畅。作者将自身的写作经历渗透其中,非常生动有趣,与国内大部分写作教材的严肃风格很不一样,书中也有很多例子,讲解十分详细。

最后需要强调的是,适合自己的才是最好的,选择自己感兴趣、符合自身学习需求的"写作工具书",把它们慢慢吃透,同时经常进行写作训练,才能真正提高写作水平。

第4章 论文插图绘制

4.1 插图概述

　　图形是一篇论文的灵魂，对辅助说明论文的内容起到了非常关键的作用。图形可分为曲线图、示意图、照片等，不同的图形需要采用不同软件进行处理，方可达到高效、高质量图形制作的效果。曲线图通常是对实验数据进行可视化，可使用的工具有许多种，如Excel、Origin、Matlab等均可用于曲线图的制作，而且可以导出矢量格式的曲线图。但这些软件都比较庞大，属于商业软件，而且跨平台性、便携性较差，因此推荐使用GnuPlot开源软件。示意图是由不同粗细、不同色彩的线条配以适当的文字对实验过程、实验原理等进行辅助说明的图形，AutoCAD、Pro/E等软件也可用于示意图形的制作，但线条粗细、色彩的实时显示与控制效果较差，输出格式也比较有限，因此推荐使用Illustrator或Inkscape矢量图制作软件。对实物照片、扫描电镜等微观照片的处理推荐使用Photoshop或开源软件Pinta。

4.2 曲线图绘制 Gnuplot

Gnuplot 是由 Colin Kelly 和 Thomas Williams 于1986年开发的科学绘图工具，支持二维和三维图形绘制。它的功能是把数据资料和数学函数转换为容易观察的平面或立体图形，它有两种工作方式——交互方式和批处理方式，可以让使用者很容易地读入外部数据，在屏幕上显示图形，并且可以选择和修改图形的表现形式。

4.2.1 Gnuplot 安装

Gnuplot 在 Linux 和 Windows 下都有相应的版本，其安装都很简单。Linux使用的是 debian sarge，安装只需要在命令行输入

```
$ apt-get install gnuplot
```

系统自动获取包信息、处理依赖关系，就可以完成安装。安装完毕后，在命令行下运行：

```
$ gnuplot
```

就进入了Gnuplot，其运行界面如图4.1所示。在Gnuplot界面下，既可以逐条命令运行，也可通过load的方式载入一个命令脚本文件运行，后者效率更高，推荐使用。

Windows平台下的安装也很简单，登录http://www.sourceforge.net搜索Gnuplot，找到Windows版本，下载、释放到本地硬盘的目录里，然后到这个目录下查找bin这个目录，在bin目录下有一个名为wgnuplot.exe的文件，双击该文件即可运行。该目录下还有一个文件名为gnuplot的可执行文件，可在命令行运行。要在命令窗口运行gnuplot，需要将该bin目录添加到环境变量path里，以便运行时系统能找到该文件。

关于Gnuplot的安装，也可参照其用户手册。

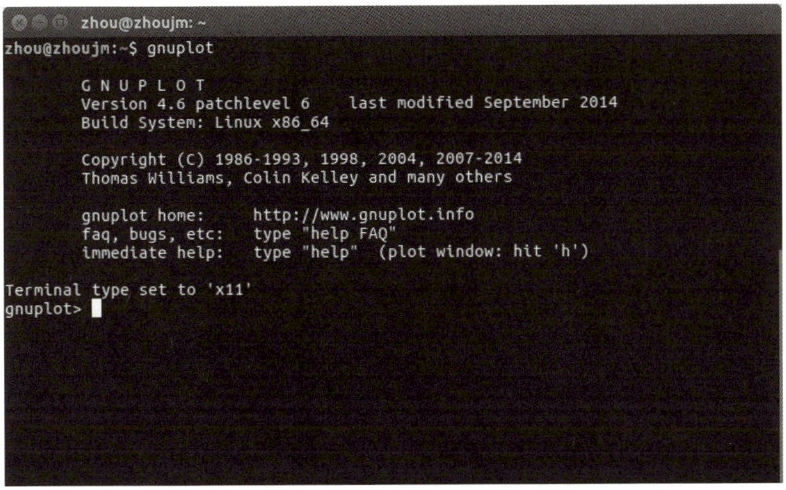

图 4.1 曲线图示例 Gnuplot 运行界面

4.2.2 基本操作

图4.2上带圈的数字列出了曲线图中常用的元素，接下来详细介绍每个元素是如何通过 Gnuplot 进行设置的。

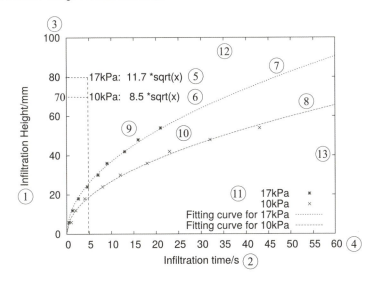

图4.2 曲线图示例

（1）纵坐标图题①：set ylabel "Infiltration Height/mm"。

（2）横坐标图题②：set xlabel "Infiltration time/s"。

（3）纵坐标标尺③：set yrang [0:100]①。

（4）横坐标标尺④：set xtics 0, 5, 60②。

（5）图内标注⑤：set label strn2 at 5, 80③。

（6）图内标注⑥：set label strn3 at 5, 70。

（7）对"*"数据点的拟合曲线⑦：fit f(x) "17kpa.txt" u 1:2 via a④。

（8）对"根"数据点的拟合曲线⑧：fit f(x) "10kpa.txt" u 1:2 via a。

（9）图例⑪：set key bottom right⑤。

（10）曲线及数据点⑦~⑩：使用plot命令进行绘制⑥。

（11）上坐标轴⑫：缺省的设置是会生成与下坐标轴相同的刻度标记，

---

① 此命令只设置了纵坐标的范围，中间的间隔采用缺省值。

② 此命令不仅设置了横坐标的范围，而且定义了间隔大小为5。

③ 在坐标(5, 80)处生成一个图内的标注，标注内容为字符串"strn2"，其定义为：strn2 =sprintf("17kPa: %5.1f *sqrt(x)", b)。"%5.1f"表示将变量"b"进行格式化输出，共占5位，其中小点后保留1位。变量"b"由参数拟合得到。

④ 此命令只表示对离散数据点进行参数拟合，本例中的离散数据来自数据文件"17kpa.txt"的第1、2列数据（应用命令：u 1:2），拟合函数为f(x)，使用单独的命令进行定义：f(x) = a*sqrt(x)。拟合前需定义变量a的初值：a=0.8。理论上来讲，a的初值不论为多少均能拟合成功，但为提高效率及避免拟合失效，a值尽量在真值附近。

⑤ 可以用top, bottom, left, right, center 的任意组合来控制图例的位置。

⑥ plot命令可以绘制单条曲线，也可以绘制多组曲线，本例中采用命令为：
   plot "17kpa.txt" u 1:2 w p ls 3 t "17kPa" ,\
   "10kpa.txt" u 1:2 w p ls 2 t "10kPa" ,\
   b*sqrt(x) w l ls 3 t "Fitting curve for 17kPa" ,\
   a*sqrt(x) w l ls 2 t "Fitting curve for 10kPa"

以上命令中每行命令后的",\"表示续行，但切记，最后一行不需要此符号，否则会报错。参数a和b来自曲线的拟合值。该图中采用同一函数进行了两次拟合，因此第一次拟合结束后先将参数a赋值给b，以便进行第二次拟合。

如果不想要上边框及刻度标记，可以通过命令设置去除：set border 3, set xtics nomirror。

（12）右坐标轴⑬：也可通过类似上坐标轴的设置一样将右坐标关闭，但更多的时候需要将右坐标轴设置不同的尺度，需要使用两条命令，应用"set ytics nomirror"将左纵坐标刻度在右坐标轴上的映射关掉，然后再使用命令"set y2rang [起点：终点]"和"set y2tics 起点，增量，终点"来设置右坐标轴的刻度。这样可以将曲线按照右坐标轴尺度进行绘制，所使用的绘图命令完全一样，但要增加绘图所采用的纵坐标选项x1y2，如"plot x,sin(x) axes x1y2"，生成的图片如图4.3所示。从图4.3可以看出，直线与正弦曲线均占满了整个图框，这是因为两条曲线分别采用了左、右纵坐标两种不同的比例，尽管右坐标轴的标尺未标出。另外图中的很多细节还需进一步细化，包括线型、图题定义等。

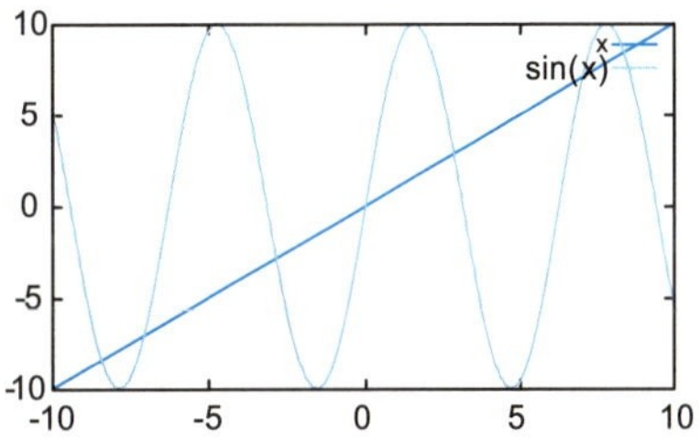

图 4.3 双坐标轴图示

生成图4.2的完整命令如下：

```
reset
set   term   X11   #如果是windows平台，X11替换成windows
set datafile   separator   ","
load   "style.gnu"
set   size   1 , 1
set   key   right
set   yrange   [0:100]
set   xrange   [0:60]
set   xtics   0 ,5 ,60
set   ylabel "Infiltration   Height/mm"
set   xlabel  "Infiltration   time/s"
```

```
set  key  bottom  right
f (x)=a*sqrt (x)
a=0.8
fit  f (x)  "17kpa.txt"  u  1:2  via  a
b=a
f(x)=a*sqrt(x)
a=0.8
fit f(x) "10kpa.txt" u 1:2 via a
plot "17kpa.txt"  u 1:2 w p ls 3 t "17kPa",\
"10kpa.txt"  u 1:2 w p ls 2 t "10kPa",\
b*sqrt(x) w l ls 3 t "Fitting curve for 17kPa",\
a*sqrt(x) w l ls 2 t "Fitting curve for 10kPa"
strn2=sprintf ("17kPa:  %5.1f  *sqrt(x)" ,  b)
strn3=sprintf ("10kPa:  %5.1f  *sqrt(x)" ,  a)
set label strn2  at 5 ,80
set label strn3  at 5 ,70
set terminal postscript eps enhanced color font 'Helvetica,22'
set  output  'fig6.eps '
replot
unset  output
```

4.2.3 进阶

1. 数据文件

数据文件包括一系列的数据，列与列之间通过制表位、空格、逗号等分隔符进行分隔，尽管分隔符种类很多，但建议采用逗号分隔符。为了能顺利

读取数据，需事先定义好数据分隔符，如定义逗号为分隔符的命令为

set datafile separator ","

绘图的数据可来自不同的文件，也可来自同一文件的不同列。数据文件里可用"#"作注释，建议对数据文件作详细注释，以便于阅读。数据文件可来自于不同的场合，如实验数据、仿真数据等，其格式可能不满足于Gnuplot 的要求，因此使用前先将其转换成 Gnuplot 能识别的文本格式，且列与列之间使用逗号进行分隔。

2. 曲线样式控制

set style line <index> {{linetype | lt} <line_type> | <colorspec>}

```
                {{linecolor | lc} <colorspec>}
                {{linewidth | lw} <line_width>}
                {{pointtype | pt} <point_type>}
                {{pointsize | ps} <point_size>}
                {{pointinterval | pi} <interval>}
                {palette}
```

如以下命令定义了13 种线型，包含线型、线宽、点的类型、线的颜色等属性：

```
set style line 1 linetype 1 lw 2.0 pt 1 ps 1.0 linecolor rgb "#3B14AF"
set style line 2 linetype 2 lw 2.0 pt 2 ps 1.0 linecolor rgb "#FF0700"
set style line 3 linetype 3 lw 2.0 pt 3 ps 1.0 linecolor rgb "#422C83"
set style line 4 linetype 4 lw 2.0 pt 4 ps 1.0 linecolor rgb "#BF3330"
```

```
    set style line 5 linetype 5 lw 2.0 pt 5 ps 1.0
linecolor rgb "#210672"
    set style line 6 linetype 6 lw 2.0 pt 6 ps 1.0
linecolor rgb "#A60400"
    set style line 7 linetype 7 lw 2.0 pt 7 ps 1.0
linecolor rgb "#008209"
    set style line 8 linetype 8 lw 2.0 pt 8 ps 1.0
linecolor rgb "#A68A00"
    set style line 9 linetype 9 lw 2.0 pt 9 ps 1.0
linecolor rgb "#6C48D7"
    set style line 10 linetype 10 lw 2.0 pt 10 ps 1.0
linecolor rgb "#FF4540"
    set style line 11 linetype 11 lw 2.0 pt 11 ps 1.0
linecolor rgb "#886ED7"
    set style line 12 linetype 12 lw 2.0 pt 12 ps 1.0
linecolor rgb "#FF7673"
    set style line 13 linetype 13 lw 2.0 pt 13 ps 1.0
linecolor rgb "#00C90D"
```

可以将以上文本保存为样式文件，命名为"style.gnu"，绘制图形时可使用"load style.gnu"先加载该样式文件，然后就可以应用线型编号直接使用定义好的线型了，如"plot sin(x) with lines ls 3"表明使用3号线型绘制正弦函数，with后也可跟 points 或 linespoints，表明绘图符号使用的是点和点线，类型编号仍为3。图4.4为以上13种线型的示意图，图形的生成脚本可从共享网站下载[①]。

[①] https://gitee.com/zhou-jiming/thesis-writing-and-layout

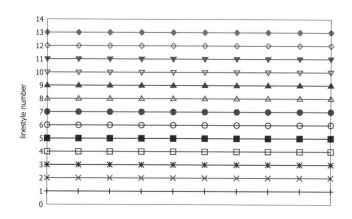

图 4.4　自定义线型示意图

3. 绘图命令详解

plot和splot是Gnuplot的主要绘图命令，前者用于二维图形绘制，后者用于三维图形绘制。plot命令的主要语法如下：

```
plot {[ranges]}
    {[function] | {"[datafile]" {datafile-modifiers}}}
    {axes [axes] } { lc} [title-spec] } {with [style]}
    {, {definitions,} [function] ...}
```

（1）[range] 通常表示绘制曲线的横坐标范围，可以方便控制曲线的显示范围，也可同时控制哑变量（dummy variable，二维图形为 t，三维图形为 u、v，相当于绘图时的中间变量，根据哑变量分别定义 x 或 y，这样可以很方便地绘制圆形）[①]、横坐标、纵坐标。

（2）[function] 与 [datafile] 是二选一，表示曲线可以来自于函数、也可以来自于数据文件，注意数字文件名需要用英文双引号括起来。

---

① 在gnuplot 提示符下使用show parametric 可以查询parametric 状态是否为开，如果状态为关，可使用set parametric 将其打开，可通过unset parametric 将其关闭。使用set parametric 打开哑变量，然后使用plot sin(t),cos(t) 绘制圆，使用plot [-pi:pi] [-1.3:1.3] [1:1] sin(t), cos(t)，从而限定了t、x、y 的取值范围。

（3）{datafile-modifiers} 表示使用数据文件中的哪列数据进行绘图，而且可以进行运算，如将第 2 列数据除以2可以用 "$2/2."。注意，为了使结果为浮点数，数字 2 最好用浮点数来表示 "2."。

（4）axes 表示绘图所用的坐标轴，如曲线以右纵坐标绘制，则使用选项 "axes x1y2"。

（5）[title-spec] 用于生成曲线的图例，表明该曲线代表的意义，用 t 或 title 表示，后跟字符串，用英文双引号括起来，如果不想在图上显示图例，使用 notitle。

（6）{with [style]} 表示曲线的样式，包括线型、粗线、色彩等，可单独定义格式文件。

（7）{definitions} 用于定义函数或绘图命令中使用的其他参数。

plot 命令可以绘制单条曲线，也可在同一幅图中绘制多条曲线，因此可以按以上方式不断地重复。例如：

```
plot "17kpa.txt" u 1:2 w p ls 3 t "17kPa",\
"10kpa.txt" u 1:2 w p ls 2 t "10kPa",\
b*sqrt(x) w l ls 3 t "Fitting curve for 17kPa",\
a*sqrt(x) w l ls 2 t "Fitting curve for 10kPa"
```

以上的命令脚本中，很多命令允许不产生歧义的情况下使用缩写形式，如(u)sing、(w)ith、(p)oints、(l)ines、(ls)linestyle、(t)itle 等，缩写的形式也不单一，如 title 也可以简写为 ti。

4. 数据拟合

数据拟合前需定义函数形式及待拟合参数的初始值，原则上可定义任意形式的函数，函数包含待拟合参数。详细命令为

```
fit {<ranges>} <expression>
'<datafile>' {datafile-modifiers}
via '<parameter file>' | <var1>{,<var2>,...}
```

（1）<ranges> 可以临时限定参与拟合的数据范围，范围之外的数据不参与拟合，这对某些情况非常有用，如某曲线的局部表现出直线特性，可在该范围内进行线性拟合。

（2）<expression>即为函数表达式。

（3）'<datafile>'为数据文件，紧随其后的{datafile-modifiers}为对数据文件内列数据的选用及操作，如使用第1、第3列数据进行拟合，则需要用"using 1:3"。

（4）via定义了参与拟合的参数列表，该列表可保存在文件中，也可以直接列于其后。

以下是与fit相关的一些命令，可供参考。

```
f(x) = a*x**2 + b*x + c
g(x,y) = a*x**2 + b*y**2 + c*x*y
FIT_LIMIT = 1e-6
fit f(x) 'measured.dat' via 'start.par'
fit f(x) 'measured.dat' using 3:($7-5) via 'start.par'
fit f(x) './data/trash.dat' using 1:2:3 via a, b, c
fit g(x,y) 'surface.dat' using 1:2:3:(1) via a, b, c
fit a0 + a1*x/(1 + a2*x/(1 + a3*x)) 'measured.dat' via a0,a1,a2,a3
fit a*x + b*y 'surface.dat' using 1:2:3:(1) via a,b
fit [*:*][yaks=*:*] a*x+b*yaks 'surface.dat' u 1:2:3:(1) via a,b
fit a*x + b*y + c*t 'foo.dat' using 1:2:3:4:(1) via a,b,c
h(x,y,t,u,v) = a*x + b*y + c*t + d*u + e*v
fit h(x,y,t,u,v) 'foo.dat' using 1:2:3:4:5:6:(1) via a,b,c,d,e
```

5. 三元操作符

三元操作符用"?"和":"将三个对象隔开,如"a?b:c"。第一个变量"a"必须是整数,如果是非零的整数,则评估变量b并返回结果,如果a为零,则评估变量c并返回结果。该操作在设计分段函数及绘制满足某些条件的数据点时非常有用。

比如我们要绘制一个分段函数,当0≤x<1时,函数定义为sin(x),当1≤x<2时,函数定义为1/x,其他范围未定义函数。此时可用如下命令:

```
f(x) = 0<=x && x<1 ? sin(x) : 1<=x && x<2 ? 1/x : 1/0
plot f(x)
```

生成的图形如图4.5所示。

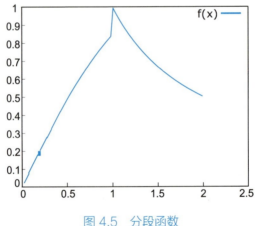

图 4.5　分段函数

4.3　矢量图绘制 Inkscape

Adobe illustrator被公认为最好的矢量插图软件,广泛应用于印刷出版、海报书籍排版、专业插画、多媒体图像处理和互联网页面制作等,也可以为线稿[①]提供较高的精度和控制，适合生产任何小型到大型的复杂项目。但该软件是商业软件，成本昂贵。Inkscape是其最佳的免费替代品，它是一个免费开源的矢量图形编辑软件，而且是第一个完全支持SVG格式的开源矢量图形编辑器，适用于Windows、MacOSX和Linux等多个操作系统。它提供了丰富的绘图工具和编辑功能，可创建各种类型的矢量图形，包括图标、艺术品、漫画、图表和其他复杂的艺术设计。Inkscape也支持导入和导出不同类型的文件格式，如SVG、PDF、EPS、AI、DXF等，使其成为专业设计人员、学生和爱好者的理想选择。此外，Inkscape还具有多语言支持和易于使用的用户界面，让用户能够轻松创建出令人印象深刻的矢量图形。Inkscape支持插件扩展，用户可以根据自己的需求添加各种插件，增强软件的功能和效率。

Inkscape的功能非常强大，完全可以制作出与Adobe illustrator相媲美的图形。对于科技示意图绘制而言，掌握好几个基本的功能即可绘制非常美观的示意图。图形制作无外乎点、线、面三个要素，其中最重要的是对线的控制，因为线是构成面的基本元素，而且线的种类又很多，包括直线、自由曲线、弧线、样条曲线等，不同种类的线又具有多种线型，如实线、虚线、点划线等。对于平面图形而言，对面的控制主要集中在对线围成区域的控制，以便对其进行填充、变形等操作。

4.3.1 Inkscape安装

Inkscape可以安装在Windows、macOS和Linux操作系统上，不同平台上安装步骤不一样，如在Windows和macOS上安装Inkscape时，首先访问Inkscape的官方网站https://inkscape.org/zh-hans/，下载Windows版本或macOs版本的安装程序，并按照提示进行安装即可。安装程序会自动将Inkscape及其依赖项安

[①] 线稿可以让空无一物的画纸产生正形负形，更能以长短虚实、疏密深淡、张弛得当之势自然勾勒物象之形、神、光、色、体积、质感等，不同造诣的画者能驾驭出不同的画面，难度之大深不可测，变化多端甚是神奇。

装到您选择的位置。安装完成后，在Windows开始菜单中搜索"Inkscape"以启动应用程序，或者在macOs应用程序文件夹中找到Inkscape并打开它。

在Linux上安装Inkscape通常可以使用操作系统的包管理器。例如，在Ubuntu中，您可以使用以下命令安装Inkscape：

```
sudo apt-get update
sudo apt-get install inkscape
```

这将使用APT包管理器安装Inkscape及其依赖项。在安装完成后，可以从应用程序菜单中启动Inkscape。

4.3.2 Inkscape 与 LaTeX 联合图形插入

Inkscape有一个其他软件所不具备的功能，那就是可以将绘制图形与图形上的标注文本分别保存为两个独立的文件。这一功能特别适合于LaTeX排版，可以说是为LaTeX量身定做的这一功能。这样带来两个好处：一是可以用文本编译时所用的字体标注图形，包括字体形状和大小等属性，改变以往图形标注固定、无法灵活调整的缺陷；另一个好处是，可以用LaTeX排版的所有功能对图形进行标注，特别是公式、文中的交叉引用等。具体实现途径是，将Inkscape里绘制的图形另存为pdf文件，同时要注意，在另存为pdf文件的选项对话框里，要复选"忽略PDF中的文本并创建LaTeX文件"和"使用导出对象的尺寸"两个复选框，如图4.6所示。

图 4.6 Inkscape 图形另存为 pdf 文件时的选项对话框

通过以上操作会输出两个文件，一个是 pdf 文件，另外一个是 pdf_tex 文件，后一个文件是文本文件，文件的开头有一大段说明文字，阐明图形插入的方法，使用 `\input{<filename>.pdf_tex}` 替代原来的图形插入命令 `\includegraphics{<filename>.pdf}`。如果要改变图形的大小，需要在插入图形前使用 `\def\svgwidth{<desired width>}`。

如果要改变图形中标注文字的大小、字体，可以在图形环境中进行设置。以下是完整插入图形的 LaTeX 语法。

```
\begin{figure}[!htbp]
\zihao{3}   %  字号命令需要预先定义好再用
\centering
\def\svgwidth{10cm}   %  宽度可按需设置
\input{<filename>.pdf_tex}
\caption{figure caption}
\end{figure}
```

以上方法在图形原文件（扩展名为svg）改变时，需要手工再另存为pdf文件，如果图形文件很多，会增加大量工作。可以在LaTeX文档里定义一个新的插图命令，自动检测图形文件是否有更新，如果有更新使用脚本命令直接由svg文件输出pdf文件和相应的pdf_tex文件。网上[①]有一个关于"How to include an SVG image in LaTeX"的说明文档，该文档最晚一次更新是2013年，基本原理没有变，但Inkscape软件已更新了多个版本，其脚本命令有所改变。

将以下命令脚本置于LaTeX文档的导言区，之后就可以使用`\includesvg`这个命令插入图形了，注意插入图形时不能带扩展名。另外，如果定义了该命令，则不能再使用svg宏包，因为该宏包也定义有`\includesvg`命令。为了避免冲突，自定义的插图命令可以是任意字符。

---

① https://gitee.com/zhou-jiming/thesis-writing-and-layout

```
\newcommand{\executeiffilenewer} [3]{%
\ifnum\pdfstrcmp{\pdffilemoddate{#1}}%
{\pdffilemoddate{#2}}>0%
{\immediate\write18{#3}}\fi%
}
\newcommand{\includesvg} [1]{%
\executeiffilenewer{#1.svg}{#1.pdf}%
{inkscape -D  --export-type=pdf  --export-latex  #1.svg}%
\input{#1.pdf_tex}%
}
```

在导言区增加以上脚本后，插图时只要使用\includesvg命令替代\input命令即可，而且图形文件名不要带扩展名，图形宽度同样使用\def\svgwidth{宽度值}来定义。我们可以使用svg格式保存图形，一旦系统检测到svg文件相较于之前导出的pdf文件有更新，运行LaTeX文档编译时会自动输出pdf文件和pdf_tex文件。为保证X$_\mathrm{E}$LaTeX能正常编译不报错，需要使用宏包\usepackage{pdftexcmds}。

4.4 工程图绘制 SolidWorks

SolidWorks是由达索系统公司（Dassault Systèmes）开发的三维计算机辅助设计（3D CAD）软件。它在工程设计和制造领域应用广泛，可用于创建和修改模型以及进行模拟和分析。SolidWorks具有直观的用户界面和丰富的功能，可以帮助工程师和设计师快速创建和修改产品，以便更好地满足客户需求。SolidWorks包括多个模块，如零件建模、装配设计、工程图形制作等，能够满足各种不同领域的设计需求。它还支持多种不同的文件格式，使其易于与其他软件和系统集成。

SolidWorks软件的核心功能是三维实体建模，帮助用户在三维空间内创建、编辑和分析实体模型。此外，SolidWorks还具有以下功能：

（1）绘图和草图：SolidWorks提供了灵活的绘图和草图工具，可用于创建各种几何形状和曲线，用于设计和制造。

（2）装配体设计：SolidWorks可以让用户创建和管理复杂的装配体结构，包括大型机器和设备。

（3）工程分析和仿真：SolidWorks可以进行各种工程分析和仿真，如有限元分析、动力学仿真和流体仿真等，以优化设计和提高产品质量。

（4）产品数据管理：SolidWorks提供了全面的产品数据管理功能，包括版本控制、文件管理和协作工具，以支持多人协作和跨团队合作。

（5）CAM集成：SolidWorks集成了CAM软件，可以直接将设计转化为机器指令，并进行数控加工和其他制造工艺。

SolidWorks提供了多种图形输出方式，包括：

（1）图像输出：可将当前视图保存为常见的图像文件格式，如BMP、JPG、PNG、TIF等。可以设置输出图像的大小、分辨率、透明度等参数。

（2）动画输出：可将SolidWorks模型导出为动画文件，如AVI、WMV等格式。可以设置动画帧率、分辨率、背景色等参数。

（3）3D打印输出：可将SolidWorks模型导出为STL文件，以供3D打印使用。可以设置STL输出精度、三角剖分算法等参数。

（4）CAD文件输出：可将SolidWorks模型导出为其他CAD软件可识别的文件格式，如STEP、IGES、DWG、DXF等。

（5）2D图纸输出：可将SolidWorks模型转化为2D图纸，并输出为PDF或DXF格式。

（6）渲染输出：可使用SolidWorks自带的PhotoView360插件进行渲染输出，生成高质量的渲染图像。可以设置光源、材质、背景等参数。

论文写作中常用的是图像输出、图纸输出和渲染输出，优先推荐图纸输出，因为图纸输出的图形保存为pdf文件时，具有矢量图形的效果。如果直接将零件输出为图形，尽管可以保存为pdf文件，但是仍属于位图。

4.5 位图处理Pinta

Pinta是一个免费开源的绘图软件，可以在Windows、MacOS和Linux操作系统上运行，适用于初学者进行一些基本的图像处理。它提供了一个简单易用的界面，包括常见的绘图工具，例如画笔、填充、橡皮擦、渐变、选择工具、文本等等。Pinta支持多种图像格式，例如PNG、JPEG、BMP、GIF等，并且可以导入和编辑来自其他软件的图像。除了基本绘图工具外，Pinta还提供了一些高级功能，例如图层管理、调整图像大小、旋转、缩放、色彩调整、模糊、锐化等等。此外，它还支持图像效果和过滤器，例如模拟水彩、油画、铅笔画等等。图4.7为 Pinta 启动后的主界面，左侧显示常用的工具图标，如方框、椭圆、直线绘图工具，以及喷枪、吸管等配色工具，当鼠标悬浮在图标上时，可以显示该图标的主要功能及操作方法。

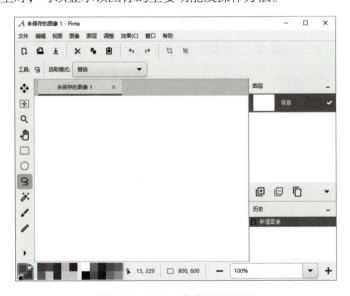

图 4.7　Pinta 启动的主界面

Pinta 是一款位图编辑软件，对标 Windows 自带的"绘图"程序或者专业的位图处理软件 Photoshop，适合对照片进行剪裁、色彩调整、简单标注（图片上的线条文字标注建议 inksacep + latex）、大小调整等，不建议使用 Pinta 绘制流程图、示意图等线条图，因为绘制图片会随着放大倍数的不同而导致边缘呈现明显的锯齿状。

第5章　参考文献及其引用

5.1 文献检索

文献信息检索通常是指从以任何方式组成的文献信息集合中，查找特定用户在特定时间和条件下所需要信息的方法和过程。在学术论文写作过程中，需要掌握研究领域内的研究进展，就需要通过检索相同或相近领域内的相应文献。而这些文献信息可以被归纳为图书、期刊、报告、会议、专利、学位论文等类型，其中期刊文献占绝大多数。

文献的检索主要有以下三个途径：通用搜索引擎检索（谷歌、必应、百度等）、专业数据库（WOS、CNKI、PubMed、ProQuest、ScienceDirect等）以及RSS学术文献追踪。

5.1.1 通用搜索引擎检索

众所周知，目前两大搜索引擎的巨头分别是谷歌和百度，国内使用百度更多一些，还有一些搜索引擎也值得关注，比如微软的必应（Bing）。搜索方法大同小异，在一些技巧应用上也非常相似，比如要在某一特定网站上搜索，可使用关键字加site:再加网址的方法，这样可以检索到某域名下相关的信息，如果再加上文件扩展名进行约束，可以缩小检索范围。通过site加扩展名的方式基本上能检索到我们需要的信息。通用搜索引擎检索的关键是能够外延，从找到的结果再拓展新的结果，从检索结果的网址信息反推更广阔的信息来源。

比如我们用 pdf composite site: mit.edu 关键词在必应搜索引擎里检索（搜索结果可能会因搜索引擎的演变而不断变化，此处的搜索结果为撰写本文时的结果，如果未显示该结果，可直接以论文题名进行检索），找到一篇题为"THE APPLICABILITY OF ADVANCED COMPOSITE STRUCTURAL MEMBERS" 的学位论文，其网址为https://dspace.mit.edu/bitstream/handle/1721.1/80178/43702167-MIT.pdf?sequence=2，观察网址，dspace 应该有一定的特殊含义，数字空间，这里可能含有更多有用信息，尝试访问该网站，主页信息显示 "DSpace@MIT is a digital repository for MIT's research, includingpeer-reviewed articles, technical reports, working papers, theses, and more."，这本身就是一个专业的检索网站。需要注意的是，同样的关键词，在不同的搜索引擎上得到的检索结果可能不一样，可以多尝试几种搜索引擎。

再比如不限定在具体网站内检索，在必应搜索引擎里使用pdf lecture composite 关键词检索有关复合材料的讲义，找到一篇题为"Chapter 16 Composites University of Washington"的资料，其网站为 https://courses.washington.edu/mse170/lecture_notes/zhangF08/lecture23.pdf 。我们从后面看这个网址，文件名有序号 23，可以尝试修改序号，有可能打开新的页面，新页面里的信息可能更有参考价值。顺着网站往前追踪，发现 https://courses.washington.edu/mse170/ 是一个有关课程 Fundamentals of Materials Science 的开放网站，含有丰富的课程资料。

以上两个例子，只是为说明信息检索时拓展检索结果的重要性。由于网络资源分布存在随意性，维护也不固定，以上提到的链接并不能保证长期有效。

5.1.2 文摘数据库与引文数据库

文摘数据库以单篇文献为记录单元，对其收录的一次文献（期刊论文、会议论文、技术报告等）的外部特征（题名、作者、来源等）、内容特征（关键词、内容摘要等）进行著录和标引，通过它可以了解文献出版和原始文献全文的内容梗概。引文数据库是用来查询引用与被引用情况的数据库，比如查某篇论文被其他哪些论文引用，某期刊被其他论文的引用，某作者被其他论文的引用，等等，属于科学/信息/文献计量学研究使用的工具，多用于评价某论文质量的高低，某作者、某机构在相关研究领域的地位，也可发现科学发展规律等。大多数的引文数据库同时也是文摘数据库。

著名的中外文文摘数据库如下：

（1）Web of Science：核心合集与多个区域性引文索引、专利数据、专业领域的索引以及研究数据引文索引连接起来，总计拥有超过33 000种学术期刊。其核心合集主要包括SCIE（Science Citation Index- Expanded，即 SCI 网络版）、SSCI、CPCI-S（Conference Proceedings Citation Index –Science，即 ISTP 网络版）、CCR-EXPANDED（Current Chemical Reactions）等10个子库。Web of Science核心合集作为世界领先的引文数据库，包含来自全球最有影响力的期刊（包括开放访问的期刊）以及会议录文献和书籍的论文记录。部分标题的覆盖范围可追溯到1900年。覆盖范围将取决于机构的订阅深度。

（2）EI工程索引：美国工程信息公司出版，工程技术期刊文献和会议文献的大型检索系统。

（3）SCOPUS：荷兰爱思唯尔2004年开发上线，收录了来自于全球5 000余家出版社的近22 800种来源期刊，是文摘和引文数据库。

（4）INSPEC：Information Service in Physics, Electro-Technology, Computer & Control，英国工程技术学会负责运营管理，涵盖的学科领域包括物理学、电子电气工程、计算机与控制，以及机械与制造工程。

（5）PubMed：美国国立医学图书馆下辖的国家生物技术中心研发的生物医药检索平台，公开、免费、覆盖范围广、数据量庞大，是生物医药人士最常用的数据库之一。

（6）CA：化学文摘数据库，美国化学文摘服务社编辑出版，摘录了世界范围约98%的化学化工文献。

（7）中文社会科学引文索引CSSCI：南京大学中国社会科学研究评价中心开发研制，用来检索中文社会科学领域的论文收录和文献被引用情况。

（8）中国科学引文数据库CSCD：中国科学院1989年创建，科睿唯安于2007年与中国科学院开展战略合作项目，将CSCD引入Web of Science平台，目前已包含从1989年至今的论文记录将近350万条，引文记录近1 700万条，每年新增25万条数据。

SCI（科学引文索引）、EI（工程索引）、ISTP（科技会议录索引）是世界著名的三大科技文献检索系统，是国际公认的进行科学统计与科学评价的主要检索工具。在SCI、EI、ISTP这三大检索系统中，SCI最能反映基础学科研究水平和论文质量，该检索系统收录的科技期刊比较全面，可以说它是集中各个学科高质优秀论文的精粹，该检索系统历来成为世界科技界密切注视的中心和焦点。

1. SCI

SCI是美国科学信息研究所（Institute for Scientific Information，ISI）1961年创办出版的引文数据库，内容覆盖生命科学、临床医学、物理化学、农业、生物、兽医学、工程技术等方面的综合性检索刊物，尤其能反映自然科学研究的学术水平。在其检索的内容中，生命科学及医学、化学、物理所占比例最大。它的引文索引表现出独特的科学参考价值，在学术界占有重要的地位。许多国家和地区均以被SCI收录及引证的论文情况来作为评价学术水平的一个重要指标。从SCI严格的选刊原则及严格的专家评审制度来看，它具有一定的客观性，较真实地反映了论文的水平和质量。根据SCI收录及被引证情况，可以从一个侧面反映学术水平的发展情况。特别是每年一次的SCI论文排名成了判断一个学校科研水平的重要指标。不同SCI版本收录范围不尽相同，其中印刷版（SCI）双月刊收录3 500种，联机版（SCI-Search）周更新5 600种，光盘版（带文摘）（SCICDE）月更新3 500种（同印刷版），网络版（SCI-Expanded）周更新5 600种（同联机版）。

SCI作为一种强大的文献检索工具，它不同于按主题或分类途径检索文献的常规做法，而是设置了独特的"引文索引"，即将一篇文献作为检索词，通过收录其所引用的参考文献和跟踪其发表后被引用的情况来掌握该研究课题的来龙去脉，从而迅速发现与其相关的研究文献。"越查越旧，越查越新，越查越深"是科学引文索引建立的宗旨。SCI是一个客观的评价工具，但它只能作为评价工作中的一个维度，不能代表被评价对象的全部。SCI从出版商那里收集到期刊论文的公开信息数据，包括题目、作者、摘要、参考文献，再添加自己的分类号，每年对这些信息数据进行分析研究，对期刊的影响因子进行评估，最后整理出一份期刊引证报告JCR（Journal Citation Reports）。

2. EI

EI（The Engineering Index，EI）中文全称为《工程索引》，创刊于1884年，是美国工程信息公司（Engineering Information Inc.）出版的、主要收录工程技术期刊文献和会议文献的大型检索系统，收录面覆盖美、德、法、英、日、俄罗斯等在内的50多个国家的3 500多种期刊文献，以及众多的学位论文、科技报告、技术标准等工程技术领域的文献。

EI将收录论文分为两个档次：①EI Compendex标引文摘（也称核心数据），它收录论文的题录、摘要，并以主题词、分类号进行标引、加工。有没有主题词和分类号是判断论文是否被EI正式收录的唯一标志。②EI Page One题录（也称非核心数据），主要以题录形式报道。有的也带有摘要，但未进行深加工，没有主题词和分类号。可见Page One带有文摘不一定算作正式进入EI。

EI发展的几个阶段：①1884年创办至今，月刊、年刊的印刷本（EI Compendex）。②20世纪70年代，EI发布了可利用计算机检索文献的Compendex（500万条记录），这也就是Engineering Index最早的电子版本，并通过Dialog等大型联机系统提供检索服务，收录自1969年起，涵盖190种专业工程学科，目前包含2 200多万条记录，每年新增的150万条文摘索引信息分别来自4 734种工程期刊，超过80 000会议文集。③20世纪80年代，光盘版（CD-ROM）形式（EI Compendex）。④20世纪90年代，提供网络版数据库，推出了工程信息村Engineering Village，包括EI Compendex数据库和Page One数据库两部分内容，都是工程和应用科学领域质量较高的学术论文和技术论文。其中2 600多种期刊来源于EI Compendex，绝大部分以题录方式报道，收录时间为1980年至今；1999年，中国18所高等学校联合购买网络版数据库的使用权，镜像在清华大学图书馆，也就在这一年，EI被爱思唯尔收购；2000年8月，EI推出Engineering Village2新版本，于2000年底出版。

EI对作者姓名、单位以及期刊名称没有专门的加工处理，不够规范，会出现漏检和错检的情况，无法保证结果的查全率与查准率，给检索人员造成极大的不便。对于中文作者，可以采用"或(or)"连接，考虑多种不同情况，如姓前名后，且名字中间加空格和不加空格，名前姓后，同样名字中间加空格和不加空格，为缩小检索范围，可以从旁边的作者精选里"与(and)"一个经常一起发文章的作者，基本能覆盖所查作者的全部文章。

3. ISTP

ISTP(Index to Scientific & Technical Proceedings)称为《科技会议录索引》，创刊于1978年，由美国科学情报研究所编辑出版。该索引收录生命科学、物理与化学科学、农业、生物和环境科学、工程技术和应用科学等学科的会议文献，包括一般性会议、座谈会、研究会、讨论会、发表会等。其中工程技术与应用科学类文献约占35%，其他涉及学科基本与SCI相同。ISTP每年报道会议4 000多种，收录论文20多万篇。论文是否能被ISTP收录，也反映了科研机构及个人的学术水平。

ISTP有印刷版、磁带、光盘版、联机数据库等几种形式。ISTP的Web版（WOSP）除了《科技会议录索引》外，还有《社会科学及人文科学会议录索引》（Indexto Social Science & Humanities Proceedings，ISSHP），其内容包含心理学、社会学、公共卫生、管理、经济、艺术、历史、文学和哲学，收录了1990年以来的20万篇会议论文。

5.1.3 全文数据库

全文数据库即收录有原始文献全文的数据库，以期刊论文、会议论文、政府出版物、研究报告、法律条文和案例、商业信息等为主。全文数据库免去了文献标引著录等加工环节，减少了数据组织中的人为因素，因此数据更新速度快，检索结果查准率更高；同时由于直接提供全文，省去了查找原文的环节，因此深受用户喜爱。如知名的中文全文数据库有中国知网、北京万方、重庆维普，外文全文数据库有爱思唯尔、施普林格、美国航空航天学会系列数据库等等，限于篇幅，此处不作一一介绍。全文数据库都属于专业数据库，面向专业群体，一般都是机构购买，供机构成员使用，个人购买的费用都很高。使用过程中要注意，不要批量下载，否则可能导致机构IP被封，这也是有的学校或机构出台规定，不得使用软件工具批量下载电子资源，或以非正常阅读速度连续、集中、批量下载电子资源，或整本下载电子期刊的原因。类似大量下载数据库文献，导致学校IP被封的报道屡见不鲜。建议在使用全文数据库时，选择下载最相关的文献，占有文献固然重要，消化吸收文献思想、理论才更有意义。当然也不必担心IP被封而畏手畏脚，只要不是通过软件批量下载，一般的检索下载是不会有问题的。

数据库的高昂收费也成为学术机构的一项庞大支出，"中科院因近千万的续订费用不堪重负，停用中国知网数据库"的消息引发热议。数据资源作为一种无形资产，具有过期不候的特点，每年都要交服务费，作为用户的我们，唯有充分发挥其功能，才能对得起庞大的支出。

作为作者来讲，有一点值得我们思考，作者向期刊投稿，目的是促进学术交流，希望赢得业界人士的认可。文章需要经过漫长、严苛的同行评议，才有可能被期刊接收，对于国内的期刊，还需交一笔可观的版面费，最后期刊上网，进入各大公司的检索网站，文章发表后不再是自己的资产，反倒成了各大公司赢利的源泉，连作者本人下载阅读都需要缴纳费用，这一点是否合理？2021年，89岁的中南财经政法大学退休教授赵德馨，状告中国知网，原因是后者擅自收录他的100多篇论文，老先生没拿到一分钱稿费，自己下载还要付费。赵教授最终全部胜诉，累计获赔70余万元。想想有多少类似赵德馨教授的学者，作品被收录但未获报酬的事。包括我们在国外期刊发表的文章，也从未给我们带来什么经济收益。这样看来，发表期刊文章的经济收益不大，反而还需要一笔不小的支出，比如国外一些开放获取的期刊，发表一篇文章动辄上万元，确实需要思考我们这样做的真正价值。

与付费发表文章或是付费使用数据库形成鲜明对照的是预印本网站arXiv提供的非同行评议文章自助上传服务，据网站介绍，arXiv[①] is a free distributionservice and an open-access archive for 2,172,794 scholarly articles in the fieldsof physics, mathematics, computer science, quantitative biology, quantitativefinance, statistics, electrical engineering and systems science, and economics. arXiv 预印本库由康奈尔大学维护，并符合康奈尔大学的学术标准。1991年，一群物理学家想要彼此交流自己将要发表的文章，局限于当时的网络条件和数据储存能力，靠邮件交流实在是太困难了，于是这些物理学家就成立了一个共享平台LANL，这就是arXiv的雏形，当时这个网站由洛斯阿拉莫斯国家实验室运营，最后被现在的康奈尔大学接管。arXiv是目前最老牌也是包括学科最为全面的预印本网站，涵盖了数学、材料、物理、计算

---

① https://arxiv.org/

机、统计、天文、生物、金融等领域。arXiv网站是免费开放获取的先驱，在杂志普遍收费才能下载的20世纪90年代，可以说是意义重大。目前为止，arXiv已经收录了多达170万篇学术文章，由于投稿人数过多，2004年网站开始引入审核制度，材料学的文章依然可以不用审核。类似的预印本网站还有bioRXiv（更专注于生命科学领域，2013年由冷泉港实验室建立，投稿、交流、下载阅读均免费）、medRxiv（bioRxiv算是孪生兄弟了，medRXiv专注于医学、临床科学和健康科学领域）。国内类似的平台有中国科技论文在线，按其网站介绍，该平台是经教育部批准，由教育部科技发展中心主办，利用现代信息技术手段，打破传统出版物的概念，针对论文发表困难，学术交流渠道窄，不利于研究成果快速、高效地转化为现实生产力而创建的科技论文网站。给科研人员提供一个方便、快捷的交流平台，提供及时发表成果和新观点的有效渠道，从而使新成果得到及时推广，科研创新思想得到及时交流；中国科学院科技论文预发布平台，立足于中国，是一个致力于按国际通行模式规范运营的预印本学术交流平台。基于预印本的学术交流有着以下五个方面的优势：①迅速公布科研成果，及时将研究成果公布给全球科学界；②促进学术开放交流，避免同行评审时碰到的评阅歧视；③更大范围获取论文反馈意见，不仅仅是同行评审时少数评阅人的意见；④实现论文版本记录和更新，反映作者思想发展历程；⑤确立科研发现的优先权，为所发布的成果打上时间戳。

5.1.4 专利数据库

我们应该重视专利文献的检索，特别是工艺、实验、装置相关的研究，公开专利具有很好的借鉴性。国家知识产权局免费官网[①]提供专利检索服务，但使用前必须进行注册。目前国内公司开发的专利相关数据库超过20个，各

---

① https://pss-system.cponline.cnipa.gov.cn/

个专利数据库的可检索能力各有不同。普通检索用户认可的是国家知识产权局官方网站,图书馆员经常使用CNIPR、中国知网和万方数据,而专业专利分析人员较多使用合享IncoPat和智慧芽Patsnap。有人对比研究了中国知识产权网CNIPR(China Intellectual Property RightNet)、万方、中国知网CNKI、IncoPat以及Patsnap五个常用的中国专利数据库,从数据完整性和准确性、数据更新情况以及检索精确度等方面对以上各库做出评价,作为数据源的标准国家知识产权局官网检索速度慢,检索功能单一,而且存在更新不及时的情况;中国知识产权网数据基本每日更新,新公开专利数据上线最快,适合于常规检索与统计;IncoPat以及Patsnap检索功能齐全,且有一定的专利分析功能,还可直接输出可视化图表,便于专利分析人员完成专利分析报告;作为常用中文文献综合检索平台,CNKI和万方能为跨库的一站式检索提供很大的便利,适用于技术调研、成果评价等文献综合分析的场景,但仅针对其专利库而言,两者的数据更新速度还需提升,尤其是对近2~3个月内的新公开专利数据缺失严重。万方、CNKI、IncoPat和Patsnap等商业数据库保留了官网和CNIPR中被删除的数据记录,形成了类似"网页快照"的记录效果,其数据的不同步反而使所述商业数据库可实现对已删除记录的另类"检全"作用。

此外,大为innojoy专利搜索引擎也是一款集全球专利数据检索、分析、下载、管理、转化、自主建库等功能于一体的专利情报综合应用平台,一站式实现专利数据信息资源的有效利用和管理。该引擎高度整合专利文献资源,涵盖全球105个国家和地区1.3亿多条专利数据,如专利文摘、说明书、法律状态、同族专利、引证引用等信息,为重大科研项目和实验室提供前沿技术分析,专利的研究与创新、申请与披露、维护与监控、许可与商业化、保护与维权等重大活动在innojoy专利应用平台得到有效保障与运行。

全球专利统计数据库(Worldwide Patent Statistical Database,PATSTAT)是由欧洲专利局创建的以欧洲专利局专利文献主数据库(EPO Master

Documentation Database，DOCDB）为主要数据源的快照数据库，收录了全球100多个国家或组织的专利信息，其内容涵盖专利题录数据、引文数据以及专利家族链接。PATSTAT旨在为研究者提供可完全运行于个人电脑的面向统计分析的专利数据库。PATSTAT自2007年向公众发布以来，由于其具有面向统计分析、数据遵循统一规范、数据开放等特点，在学界得到广泛应用。但是该数据库仅限于统计决策用途，不包含全文、说明书、插图信息等；数据检索、操作方式较为专业，无法为一般用户所使用。

5.1.5 内部数据库

内部数据库是针对单位人员内部使用的数据库，通常不对外开放，比如各高校一般都有自己的学位论文提交系统，供本校师生使用。清华大学学位论文服务系统收录了清华大学1980年以来的所有公开的学位论文文摘索引，绝大多数可以看到全文，出于版权考虑，论文进行了加密发布，加密后的文件对硬件依赖性较强，保存在本地的论文只能在本机阅读，不能通过邮件转发或拷贝到其它机器阅读，加密论文阅读期限为 1 000 天，过期需重新下载。西安交通大学学位论文数据库提供本校学位论文题录、文摘检索，不提供全文检索。西北工业大学硕博士论文管理系统，所有收集到的公开论文推迟两年后在校园网内发布全文。以上所举的例子，都不面向校外用户提供检索，都属于内部数据库。

当然，各高校的学位论文也可以通过其他途径进行检索，但通常都需要购买专业数据库的使用权限，否则也无法获取。比如知网、万方都提供学位论文检索和全文下载，但各平台对各校论文收录的数量有很大差异。中国国家图书馆和中国国家数字图书馆也提供博士论文检索，但只能检索到摘要和目录，很少提供全文，而且数量有限，仅 20 多万篇的规模。

5.2 文献管理

参考文献在科技论文写作中占有非常重要的地位，体现了文章成果在前人研究基础上的继承性。一篇文章的参考文献少则10来篇，多则几百篇。当引用文献数量较少时，手工录入不是什么问题，但当几百篇参考文献在文章中的不同位置出现时，引用起来就很费时、费力，而且容易出错，有可能导致引文与文献编号对应错误。在文章中通过纯手工方式插入参考文献，调整起来也很烦琐，特别是文献编号要求从头到尾顺序编排时更是如此。在此，介绍一下参考文献数据库及几个比较流行的参考文献管理软件。

5.2.1 参考文献数据库

参考文献作为一种特殊数据，目前主要有两种数据存储格式，RIS和bib，均是以标签的形式描述参考文献的属性，如作者、题目、期刊等。RIS的标签是两个大写字母，文献记录之间以空行分隔，记录内的不同字段以两个大写字母标签开始，后跟两个空格、一根短线和另外一个空格，之后就是标签包含的内容，每条文献以TY开头，代表文献类型，以ER结尾。例如：

TY - JOUR

AU - Casati, R

AU - Vedani, M

TI - Metal Matrix Composites Reinforced by Nano-Particles-A Review

T2 - METALS

SN - 2075-4701

DA - MAR

PY - 2014

VL - 4

IS - 1

SP - 65

EP - 83

DO - 10.3390/met4010065

AN - WOS:000343294700007

ER -

bib格式的文献数据格式，以@文献类型开头，后跟一个大括号，大括号里包含文献数据的不同字段，每个字段名具有显式含义，很好理解，比如AUTHOR、TITLE等。RIS格式里，每位作者一个字段，而bib格式里，AUTHOR作为一个字段，多位作者之间以and连接，作者的姓名，姓在前，名在后，姓名之间以英文逗号分隔。每条文献所包含的字段数量有可能不同，比如有的文献所在杂志没有期号，相应就没NUMBER这个字段。

@Article{met4010065,

AUTHOR = {Casati, Riccardo and Vedani, Maurizio},

TITLE = {Metal Matrix Composites Reinforced by Nano-Particles
  —A Review},

JOURNAL = {Metals},

VOLUME = {4},

YEAR = {2014},

NUMBER = {1},

PAGES = {65–83},

ISSN = {2075-4701},

DOI = {10.3390/met4010065}

}

大多文献数据库均提供这两种格式的文献题录下载，而且包含内容非常丰富，包括摘要、关键词等，Web of Science数据库甚至还包括文献的引用参考文献，可以用于后续的文献互引关系研究。这两种文献数据库的格式是文献管理和文献研究的基础,尽管不同参考文献管理软件大多都有各自的数据格式,但这两种格式是实现参考文献管理软件之间数据交换的基础。参考文献管理软件可以被视为组织文献数据的有效手段,便于从大量文献中通过检索、排序、筛选快速找到想要查看的文献。

5.2.2 Zotero

开源软件,利用浏览器插件(支持Chrome、Firefox、Safrai等)和客户端可以无缝抓取网页中的多种参考文献(书籍、会议、学术文章、报纸、电视、报告、手稿、杂志等)。Zotero支持无限级的目录分类,即一个目录下可以生成多个子目录;同时支持文献标签功能,可以对位于不同目录下的文献采用相同的标签管理,对大量文献管理的使用者来说较为方便。在多平台方面,支持Windows、Mac、Linux、iOS,同时每个注册账户赠送300MB的网络同步存储空间,且支持采用WebDav来同步文献中的PDF文件。

具有群组文献管理功能,多个用户加入同一个组(group),可以无限制同步文献条目(不同步文献条目下的附件),如需要同步附件,则需要购买官方提供的网络存储空间。中文支持程度较好,且可以使用国标体例输出中文参考文献。对word和WPS的支持程度良好。

5.2.3 JabRef

开源参考文献管理软件,最大的特点就是基于BibTex格式进行文献管理。其数据库本质上为文本文件,透明度高,存储数据结构化。我们可以将JabRef理解成一个壳或镜子,BibTex格式的文献数据经JabRef解析成为可读性强的文献列表。可以采用其他支持bib格式的参考文献管理软件打开,可以实现科研人员在跨操作平台和不同写作环境下终身使用一个"自己的文献库"的目的,不再因软件升级而导致数据无法使用而头痛。图5.1所示为JabRef文献管理器的界面,可以在Option里切换到中文界面。JabRef由于其原文件就是.bib格式的，所以一个文件里不能建立子库，也就是一个库一个文件。

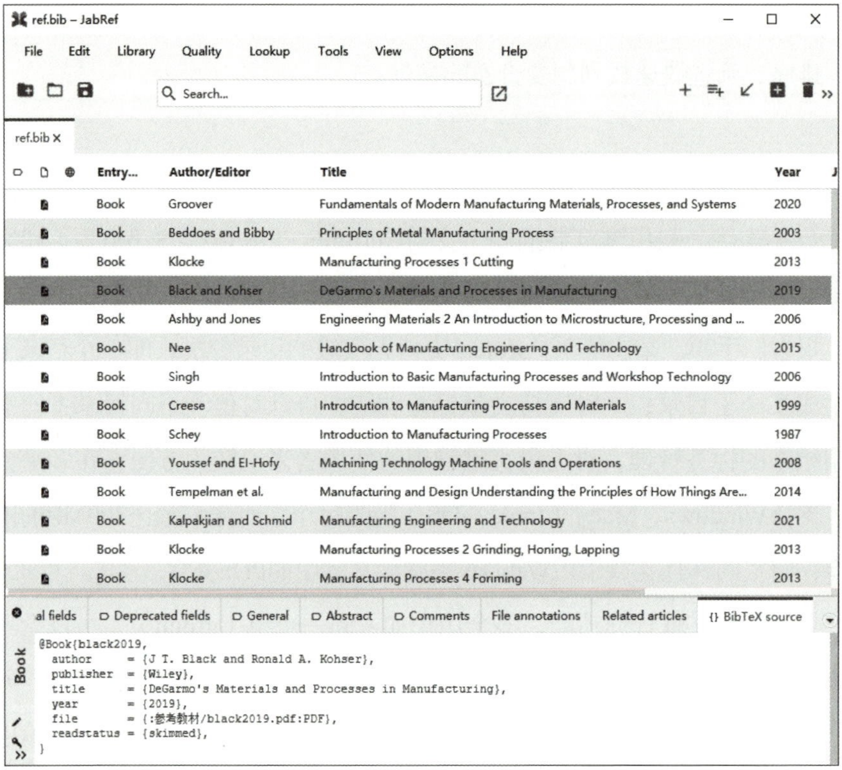

图 5.1　JabRef 文献管理界面

JabRef可以向外部文字编辑器推送文献条目，便于文献在文档中的插入引用。推送前需在菜单选项（Options）偏好设置（Preferences）里设置外部程序（Externalprograms），共有六个选项，包括Emacs、LyX/Kile、Texmaker、TeXstudio、Vim和WinEdt，按需选择即可，并可设置插入文献的缺省命令，比如\cite。如果选择Emacs，在启动Emacs时需要附带参数，以此命令打开文件emacs -f server-start文件名，否则无法向其推送文献条目。如果要插入多条文献，只需在JabRef管理器选择好后，点击文献管理器右上方的外部程序推送按钮，即可将选定文献插入正在编辑文档的相应位置。

5.2.4 Note Express

Note Express是一款国产软件，可以管理文献条目、作为Word或WPS插件可以在文档中插入文献、定制输出样式等，而且可针对中、英文献分别定制输出样式，目前流行度很高。该软件包括个人版和学校版，很多学校都买了版权，选择集团版下载，输入学校名字进行查询。但是检测电脑的IP地址时，如果不在学校所在IP段，会提示下载个人版。这也是使用不方便的地方，比如电脑上下载了集团版，只能在学校所在的IP范围才能用，换个地方可能就无法正常使用了。

5.2.5 Mendeley

爱思唯尔出品，支持多平台（网页、Windows、Linux、Mac、iPhone、iPad），能自动生成参考文献、方便与其他科研人员在线协作、便于从其他研究软件中导入论文、基于您所阅读的内容查找相关论文、随时随地在线访问您的论文，但升级后的Mendely Reference Manager for Desktop只是网络的终端，不支持本地存储，所有文献都会上传到云端，但云端免费存储容量有限，个人空间2GB，共享空间仅为100MB，这一容量对于用户而言显然不足，特别是共享容量，更不方便的是，与Word、LibreOffice、Latex等软件的链接也变得非常烦琐，对于Word而言，需要登录微软商店获取，且未见到有WPS的插件安装教程。

5.3 文献研究

VOSviewer是荷兰莱顿大学科学和技术研究中心（Centre for Science and Technology Studies, CWTS）开发的一款基于Java的知识图谱软件，主要面向文献数据，侧重科学知识的可视化，其核心思想是"共现聚类"，即两个事物同时出现代表它们之间是相关的，这种相关关系存在多种类型，它们的强度和方向也不一样，基于关系强度与方向的测度指标聚类，可以寻找不同类型的团体。VOSviewer通过"网络数据"（主要是文献知识单元）的关系构建和可视化分析，实现科学知识图谱的绘制，展现知识领域的结构、进化、合作等关系，其突出特点是图形展示能力强，适合大规模数据分析。类似的文献分析软件还包括CiteSpace、Histcite等。CiteSpace也是一款和Java相关的可视化文献分析软件，可以显示一个学科或知识域在一定时期发展的趋势与动向，形成若干研究前沿领域的演进历程，帮助研究人员从众多的文献数据中挖掘有用信息。Histcite作为另一款文献索引分析软件，用来处理从Web of Science输出的文献索引信息，可以帮助我们迅速掌握某一领域的文献历史发展，发现关键研究和关键学者，还能方便地绘出这一领域文献历史关系，使得该领域的发展、关系、人物一目了然。HistCite这款软件是汤森路透（Thomson Reuters）公司开发的，与Web of Science的开发者是同一家公司，所以HistCite只支持Web of Science数据库，但目前已停止开发。

此处重点介绍一下VOSviewer，其功能主要包括以下两个方面：

（1）基于网络数据生成知识图谱。VOSviewer主要用于构建科学出版物、期刊、研究者、研究组织、国家、关键词等之间的网络关系，并基于建立的网络关系生成图谱。网络元素通过作者关系、共现关系、引用、文献耦合及共引连接等建立联系。其输入文件可以是来自Web of Science、Scopus、Dimensions等商业数据库的文献数据库文件，或是来自参考文献管理软件导出的文献数据库文件，也可以通过API接口下载获得文献数据。

（2）图谱可视化及开发。VOSviewer提供三种图谱可视化的途径，分别是网络结构可视化（Network Visualization）、重叠可视化（Overlay Visualization）及密度可视化（Density Visualization）。缩放、滚动功能使图谱展现局部细节，这对于包含成千上万项目的网络结构来说非常重要。

VOSviewer 是一款免安装软件,下载①解压后可直接运行,其运行界面如图5.2所示。

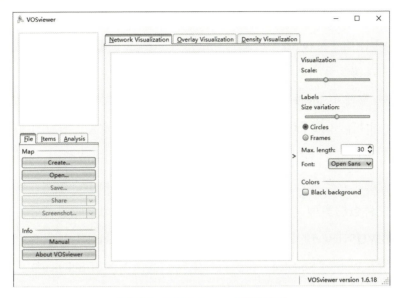

图 5.2　VOSviewer 启动界面

VOSviewer可视化文献数据,需要了解几个关键术语。

(1)项目(items)。项目是我们关注的对象,文献出版物、研究者或关键词都可以是项目的来源。图谱通常只包括一种类型的项目。项目有不同的属性进行描述,比如权重(weight)和成绩(score),前者体现出项目的重要性,为非负值,值越高代表越重要,图谱中显示也更突出;后者只出现在重叠可视化图谱中。

(2)链接(link)。项目与项目之间的联系或者关联关系,比如出版物之间的文献耦合连接,或者研究者之间的共同作者连接,或者是关键词之间的共现关系连接等。图谱通常也只包括一种类型的链接。

(3)强度(strength)。表征链接强弱,值越大,链接越紧密。链接

---

① https://www.vosviewer.com/

强度可以表征两篇文献共引参考文献的数量、两名共同作者发表文章的数量或者是两个不同关键词共同出现的文献数量。项目之间链接强度为1时，VOSviewer不显示链接强度。

（4）网络（network）。项目和链接共同构成了网络，所以网络可以看成是具有链接关系的多个项目构成的一个集合。

（5）聚类（cluster）。聚类是不重叠的一组项目集，一个项目只能属于一个聚类，也可能不属于任何聚类，所以图谱中的聚类不必覆盖所有的项目。

我们可以基于网络数据、文献数据或是文本数据生成图谱，在图5.2所示的主界面上，在文件（File）标签页，点击生成（Create）按钮，在对话框里选择三种数据类型之一进行分析。我们主要针对文献数据进行分析。为了充分利用VOSviewer的分析功能，推荐在Web of Science平台检索导出文献数据。注意在Web of Science平台进行检索时，选择Web of Science核心合集，再选择Science Citation Index Expanded，如图5.3所示，这个数据库包含的文献信息比较全面。按主题词、作者、机构等不同检索途径检索数据库，得到的检索结果选择导出方式为"制表位分隔文件"（也可以是纯文本），导出时的记录内容选择"全记录与引用的参考文献"，该选项一次可以导出500条记录，如果多于500条，可以分批导出，或者选择导出的记录内容为自定义，编辑自定义选项，选择全部，这种情况下一次可以导出1 000条记录，而且也包含文献引用的参考文献。作为示例，在Web of Science平台检索"metal matrix composite"主题词，得到33 462条检索结果，对作者进行精简过滤，选择发文量排前200的学者，共得到4 625条文献记录，以下基于该文献数据进行分析。

基于文献数据进行分析时，依次选择"Read data from bibliographics data basefiles"，"Web of Science"，选择刚才从Web of Science平台导出的数据，可以选择多个文件，如图5.4所示。点击OK、Next，跳出图5.5所示的对话框，提示选择文献分析的类型，共有五种分析类型（Type of analysis，对应Links），每种类型又有不同的分析单位（Unit of analysis，对应Items），如

表5.1所示，可以组合出17种文献分析类型。现针对4 625条有关金属基复合材料的文献记录，举例说明几种典型的文献分析类型。

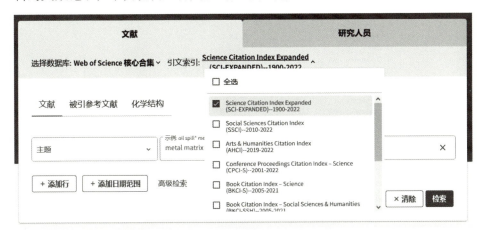

图 5.3　Web of Science 平台检索数据库选择

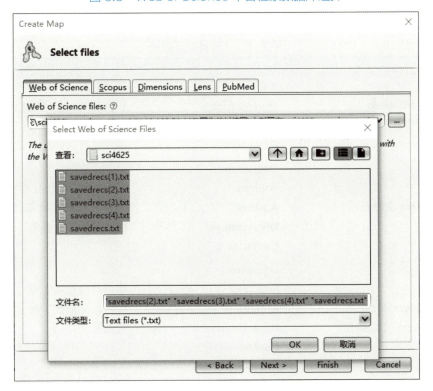

图 5.4　选择文献数据

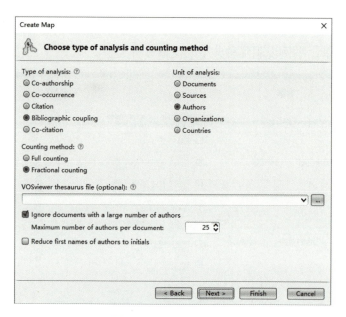

图 5.5 文献分析类型

表 5.1 分析类型及说明

Type of analysis/ Links	Unit of analysis / Items	说明
Co-authorship 共同作者	Authors	项目具有共同作者
	Organizations	权重是共同作者文档数
	Countries	被引数、连接数等
Co-occurrence 关键词共现	Keywords	项目具有共同的关键词
Citation 文献互引	Documents	
	Sources	项目之间具有互引关系
	Authors	但引用方向不确定
	Organizations	权重是被引次数等
	Countries	
Bibliographics coupling 文献耦合	Documents	
	Sources	项目共引参考文献
	Authors	权重是文献数、被引
	Organizations	次数等
	Countries	
Co-citation 共被引	Cited references	项目存在共同被引关系
	Cited sources	权重是被引次数
	Cited authors	

（6）共同作者。共同作者共有三种图谱显示方法，分别是作者、机构和国家，也就是共同作者的文献在图谱可以显示文献的作者、单位或者国家。图5.6所示为金属基复材领域，发文前200名的学者，作为共同作者发表的文章，共同作者之间的关联关系。页面右侧为图谱显示选项（Visualization），分为权重（Weights）、标签（Labels）、连线（Lines）和颜色（Colors）几个区域。权重体现图谱中项目的重要性，可以从下拉列表中选择，不同的分析类型，可选权重也不一样，对于共同作者分析来说，可选择的权重类别包括连接数（Links）、总连接强度（Total linkstrength）、发表文献数（Documents）、引文数（Citations，文档或作者被引数量）和规则化引文数（Norm.citations，文献引文数量与同一年发表文献总数引文数量的平均值的比值，可以校正老文献被引多于新文献的现象）。标签（Labels）选项可以调整标签的最大长度（Max.length），控制视图中项目标签的长短。连线选项可以通过设置最小链接强度和最大连线数量来控制图谱上连线的多少。颜色选项按缺省设置即可。

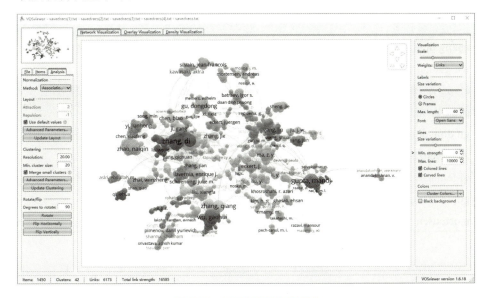

图 5.6　共同作者分析结果

图谱左侧有三个页面选择，文件（File）页面用于创建图谱，项目（Items）页面用于筛选图谱中的项目，分析（Analysis）页面可以选择数据正则化方法、设置图谱布局、聚类参数等。此处重点介绍一下分析页面的内容，分析页面包括数据正则化方法（Normalization Method）、布局（Layout）、聚类（Clustering）和旋转/翻转（Rotate/flip）等。共有四类数据正则化方法，分别是无正则化（Nonormalization）、关联强度法（Associationstrength）、分数化（Fractionalization）、LinLog/modularity，缺省选择关联强度法。布局有两个参数，吸引（Attraction，-9至+10之间）和排斥（Repulsion，-10至+9之间），这两个参数影响项目在图谱中的分布，排斥参数应小于吸引参数，两个参数通常的设置包括2和1、2和0或者1和0，也可以选择使用缺省的复选框。

根据图5.6所示的图谱，再结合网络检索，综合分析汇总出金属基复合材料领域的知名学者如表5.2所示。

表5.2 金属复材领域知名学者

学者姓名	机构	研究领域
zhang di 张荻	上海交通大学	金属复材、遗态材料
wu gaohui 武高辉	哈尔滨工业大学	金属复材
ma z. y. 马宗义	中国科学院	金属复材、搅拌摩擦焊
geng lin 耿林	哈尔滨工业大学	铝基钛基复材
gu dongdong 顾冬冬	南京航空航天大学	增材制造多功能结构
zhai wenzheng 翟文正	华中科技大学	表面摩擦磨损
qi lehua 齐乐华	西北工业大学	液固高压成形复材
gupta manoj	新加坡国立大学	镁基纳米复材
mortensen andreas	洛桑联邦理工学院	金属复材、浸渗

（7）文献耦合。文献耦合，即文献通过参考文献进行的耦合，具体是指两篇论文同引一篇或多篇相同的文献，通常可以用引文耦合的多少来定量测算两篇文献之间的静态联系程度，引文耦合愈多，说明两篇文献的相关性愈

强。文献耦合是一种静态关系，因为已发表论文的耦合强度不会随时间变化而变化。图5.7所示为文献耦合分析的结果，图谱显示为选定zhang di后各作者之间的关联情况，表明zhang di与其他学者之间耦合性强，共引参考文献数量多。

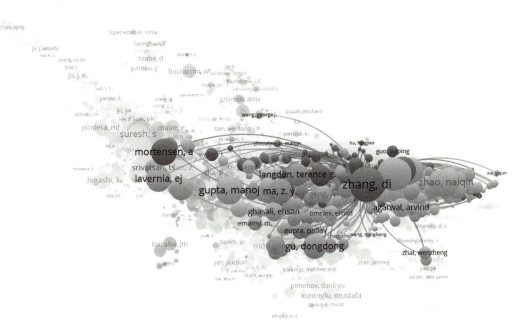

图 5.7 文献耦合分析

（8）共被引。共被引分析（Co-Citationanalysis）是指两篇文献共同出现在第三篇施引文献的参考文献目录中，则这两篇文献形成共被引关系。通过对一个引文网络进行文献共被引关系挖掘的过程，可以认为是文献共被引分析的过程。共被引次数越多，说明这两篇文献相似之处越大，关联强度也越大。进行共被引分析时利用的数据源主要是【参考文献】中的<篇名、作者、期刊>，可构成参考文献共被引、作者共被引、期刊共被引。图5.8所示为文献共被引分析结果。共被引图谱反映了文献或作者的影响力，图标越大，说明影响力越大。

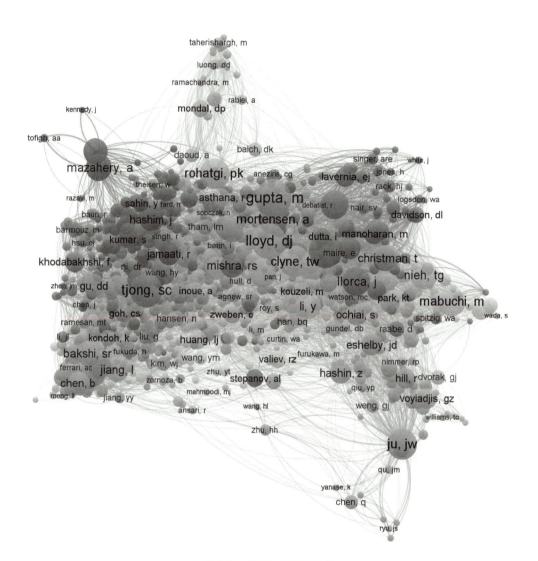

图 5.8 文献共被引分析

第6章 基于 LaTeX 的科技论文排版

6.1 Texlive 软件安装

TeX是由著名的计算机科学家Donald E.Knuth（高德纳）发明的排版系统，本质上是类似于Java和C之类的计算机程序语言。最基本的TeX程序由一些很原始的命令组成，它们可以完成简单的排版操作和程序设计功能，但TeX允许用这些原始命令定义一些更复杂的高级命令，从而实现功能拓展。但对于TeX拓展需要相当丰富的编程经验，不适合普通用户使用。正是由于这种原因，美国计算机学家Leslie Lamport在20世纪80年代初期开发了LaTeX格式，这种格式提供了一组生成复杂文档所需的高级命令。利用这种格式，即使用户没有排版和程序设计的知识也可以充分发挥由TeX所提供的强大功能，能在短时间内生成高质量文档。对于生成复杂表格和数学公式，这一点表现得尤为突出。TeX和LaTeX最初是针对欧美语言开发的，对中日韩语的支持非常困难，后来出现了CJK宏包，但是安装字体也非常烦琐。还有另外一种处理中文的技术，就是XeLaTeX。XeTeX是一种使用Unicode（统一字符编码）的TeX排版引擎，并支持一些现代字体技术，如Open Type、Graphite和Apple Advanced Typography（AAT）。XeTeX原生支持Unicode，并默认其输入文件为UTF-8编码，它可以在不进行额外配置的情况下直接使用操作系统中已安装的字体，目前这一技术是主流使用的中文处理方案。

TeXLive是一个TeX发行版，它是一组程序的集合，主要作用是将作者所写的TeX代码进行解析排版输出成PS或者pdf文件。"TeX发行版相对于TeX语言"大致可以理解为"C语言编译器（如GCC或Clang）相对于C语言"的关系。

TeXStudio是一个TeX集成开发环境，这个跟TeX本身关系不大，比如说最简单地写TeX的方法是这样的：用记事本打开一个扩展名为tex的文件，录入文本内容，保存，再用TeX发行版里带的程序（通常是使用命令行调用）解析这个文件，输出排版结果。使用TeXStudio这类集成编译软件，直接敲代码进去，然后按一个键，就可自动调用编译，各种参数都已事先设置好，一键即可直接看到排版结果，而且一般的集成编译软件还会有智能代码提示、代码高亮显示等功能，录入效率和可读性也大大提高。

综上，为完成$\LaTeX$文档的编写，至少需要安装两个软件：一个是TeX的发行版，建议安装TeXLive；一个是集成编译环境，建议使用TeXStudio。这两个软件可以在清华大学开源软件镜像站[①]进行下载。在该网站首页搜索框里搜索tex，找其中的tex-historic-archive和texstudio两个搜索结果。进入第一个搜索结果后，按路径`/tex-historic-archive/systems/texlive/2022/`获取所需的TeXLive版本，下载文件名为texlive2022.iso的那个文件安装即可，该文件为映像文件，Win10系统里可用资源管理器打开，加载到一个虚拟光驱里，点击安装程序进行安装。注意，iso文件也可以用虚拟光驱软件进行加载，但不能用解压缩软件解压后安装，安装过程会报错，无法完成安装。TeXStudio里有最新发布版的目录Latest Release，里面有适合不同操作系统平台的版本，根据自己的需要选择适合的版本。其中Windows版

---

① https://mirrors.tuna.tsinghua.edu.cn/

也有两个，一个是带portable的，是非安装版，另一个是安装版，建议选择安装版。安装好这两个软件后，就可以开始文档写作和排版了。关于T_EXStudio软件的使用方法将在6.9.2一节进行介绍。

6.2 T_EX文档结构

一份完整可编译的学术论文通常包含由T_EX格式的文本文件、保存图片的文件夹、保存参考文献的bib格式文件等。一个完整的T_EX格式文件包含两大部分结构：导言区与正文内容两部分。其最小格式如下：

\documentclass{...}% 指定文档类

% 导言区

\begin{document}

% 正文部分

\end{document}

（1）指定文档类型，原始的L^AT_EX文档包括四类，分别是book、report、letter和article，可以基于这四类自定义其他文档类。

（2）导言区，调用宏包、预定义命令（或字体、标题等）、设置页面格式等与正文内容无关的信息。

（3）正文部分，论文的主体，包括摘要、正文、附录、参考文献、附录等。

- 如果是book类文档，论文章标题用\chapter{标题内容}录入，节标题、子节标题分别用\section{标题内容}、\subsection{标题内容}录入；article类文档没有章标题，只有节、小节等级别的标题，论文题目在导言区用\title{文章标题}录入；正文内容的文字直接通过不同输入法录入即可，公式、表格和图形将有专节介绍。大型文档可以通过几个子文档导入方式输入，使文档结构更加清晰。导入子文档有两种方式，分别为\input{文件名.tex}或\include{文件名}，前者插入内容不另起新页，也就直接与前面内容相连，而后者将另起一页。另外，后者的文件名不能加扩展名，否则找不到文件。

- 新手使用时建议找一个成熟的模板文件，免去正文前封面、内封、摘要、目录、页眉页脚，正文后参考文献、致谢、附录等内容格式的自定义，一心关注正文内容的录入即可生成标准的格式化文档。

（4）百分号开始的行为注释行，文档输出时不显示。

现以article文档类为例，说明文档中文字、公式、图、表等各元素的录入方法。

```
\documentclass{article}
\title{最简\LaTeX{}示例文档}
\author{张三}
\usepackage{xeCJK}
\usepackage{graphicx}
\begin{document}
\maketitle

\begin{abstract}
摘要：文章简介。
\end{abstract}

\section{正文文字公式录入}
\subsection{文字录入}
正文内容的文字通过输入法直接录入。公式录入先看一个简单的例子，详细介绍将出现在后续章节。
```

```
    \[x_{ 1 ,2} = \frac{-b\pm \sqrt{b^2-4ac}}{2a}\]
```

\section{图形插入}

图\ref{fig:nwpulogo}所示为西北工业大学的图标。

\begin{figure}[htp]
\centering
\includegraphics[scale=0.2]{logo.png}
\caption{西北工业大学图标}\label{fig:nwpulogo}
\end{figure}

\section{表格录入}

\begin{table}[htp]
\centering
\caption{表题}
\begin{tabular}{ccc}
\hline
序号 &   姓名 &   电话\\
\hline
1 & &\\
2 & &\\
\hline
\end{tabular}
\end{table}

\end{document}

图6.1所示为上段代码的排版效果，可以看出，基本涵盖了文章所包含的基本要素，只要按照前面的示例代码输入，即可得到完整的文档，关于参考文献的插入将在6.7节进行论述。另外，我们发现，摘要、图题和表题的起始字符为均英文，这是因为article文档类本身是以英文为基础开发的，我们可以通过自定义进行改变，也可以通过改变文档类或引用新的宏包进行改变。比如，如果还使用以上代码，只要将文档类改为elegantpaper，同时在文档类前的选项里设置语言为cn，即\documentclass[lang=cn]{elegantpaper}，输出的排版结果如图6.2所示。可以看到，相比于article文档类，elegantpaper文档类的版心更大，选择语言是中文后，摘要、图、表均以中文字符开头。

图 6.1　article 文档类的 LaTeX 排版效果

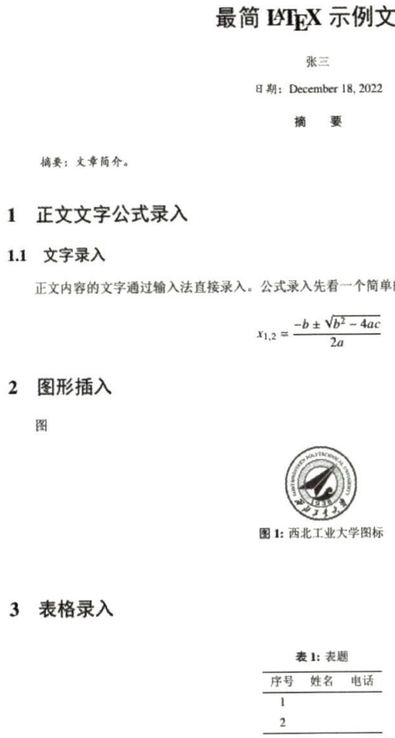

最简 LaTeX 示例文档

张三

日期：December 18, 2022

摘　　要

摘要：文章简介。

1　正文文字公式录入

1.1　文字录入

正文内容的文字通过输入法直接录入。公式录入先看一个简单的例子，详细介绍将在后续章节介绍。

$$x_{1,2} = \frac{-b \pm \sqrt{b^2 - 4ac}}{2a}$$

2　图形插入

图

图 1: 西北工业大学图标

3　表格录入

表 1: 表题

序号	姓名	电话
1		
2		

图 6.2　elegantpaper 文档类的 LaTeX 排版效果

6.3　字体设置

文字是构成文档的主要元素，字体又是文字的载体，字体设置不当，经常会出现乱码或不显示的情况。另外，从网上下载的模板是基于开发者的电脑调试通过的，很有可能使用了一些不常见的字体，导致在本机运行时提示缺少字体等错误。掌握字体设置的基本知识对于模板定制和有效使用都非常重要，我们可以基于自己的电脑配置修改模板，使其满足本机的运行需求。考虑到使用的便捷性，此处主要讨论针对**XeLaTeX**排版的字体设置问题。字体的属性主要包括五个，字体编码、字体族、字体系列、字体形状和字体大小。字体编码一般用户不会涉及，此处不介绍，重点介绍其他四种。字体族分为罗马\rmfamily、无衬线\sffamily和打字机\ttfamily三种，默认的是罗马字族。字体形状包括直立\upshape、倾斜\slshape、意大利斜体\itshape和小体大写\scshape。字体系列定义字体的黑度和粗细，包括中等\mdseries和粗体\bfseries。字体属性可以通过几种不同设置方式进行设置：一种是通过属性环境，该方式的作用范围只对属性环境定义中的文字起作用；另一种是直接进行属性设置，如此设置后的文本将一直采用此字体属性，直到遇到新的字体属性设置为止；第三种是将字体属性和其后要设置的文字置于大括号内，使属性设置限定在大括号内的范围内，而且字体属性可以进行任意组合。

比如，分别使用以下的字体属性组合定义同一段文件：

```
\rmfamily This is the Roman family font.
\rmfamily\itshape This is the italic Roman family font.
\rmfamily\itshape\bfseries This is the italic Roman bold series font.
\large\rmfamily\itshape\bfseries This is the Huge italic Roman bold series family font.
```

生成的排版效果如下：

This is the Roman family font.

This is the italic Roman family font.

This is the italic Roman bold series font.

This is the Huge italic Roman bold series family font.

这些字体属性最初是针对英文字体设置的，很难满足对多种字体的选择需要，尤其对于中文来讲，上述三种字体族显然无法满足要求。通常有两种解决方案，一种是选三种常用的中文字体分别对应三个英文的字体族，这样就可以使用英文字体属性命令控制字体了，但是字体形状和字体系列（主要是加粗和斜体）有些字体中是没有定义的，比如中文就没有专门针对某一字体的斜体或加粗，我们没听说过斜宋体或是加粗楷体，在WPS中能进行类似的操作主要是通过算法实现的，而不是真有类似的字体存在。为此，需要单独指定斜体或粗体，作为主字体的附加属性，比如可以使用楷体替代主字体斜体，粗体替代主字体加粗，这样一来就不能通过系统自带的命令进行组合使用了，比如遇到主字体加斜体的设置就只能显示斜体了，遇到主字体加斜体又加粗就只能显示加粗时的替代字体了，相当于向下兼容。接下来涉及另一个问题，如何指定刚才所说的字体，这就要用到两个重要宏包——fontspec和xeCJK，前者用于设置英文字体，后者用于设置中文字体。具体设置方法为

```
\usepackage{fontspec}
\usepackage{xeCJK}
\setmainfont[属性]{字体}       %   设置罗马字体
\setsansfont[属性]{字体}       %   设置无衬线字体
\setmonofont[属性]{字体}       %   设置等宽字体
\setCJKmainfont[属性]{中文字体}   %   设置罗马字体
\setCJKsansfont[属性]{中文字体}   %   设置无衬线字体
\setCJKmonofont[属性]{中文字体}   %   设置等宽字体
```

字体可以是字体名或字体文件名，例如：MS-Word中默认的西文字体是Times New Roman，字体名叫"Times New Roman"，而字体文件名叫"times.ttf"，当使用字体名时LaTeX会自动调用该字体对应的其他字形（斜体）和系列（加粗），而使用文件名在更换字体的时候需要同时在[性质]中指定其对应的形状和系列，否则无法使用其对应的形状和系列。

以上设置字体的方法局限性太大，使用起来也不方便，灵活性不足，主要用于论文主字体设置，对于局部字体设置还需要自定义新的字体族，这就

是字体设置的第二种方法。对于英文字体使用以下命令：

`\newfontfamily{新字体族使用命令}{系统已安装字体}[字体属性]`

`\setfontfamily{新字体族使用命令}{系统已安装字体}[字体属性]`

前一种设置方法会检查"新字体族使用命令"是否已被定义，比如`\arial`，如果已被定义系统会报错，而后者不作此检查。对于中文字体使用以下命令：

`\setCJKfamilyfont{自定义字体族名}[字体属性]{系统已安装字体}`

使用新定义的CJK字体族时，须使用`\CJKfamily{自定义字体族名}`进行字体切换，这样使用不方便，可以定义一个使用新字体族的新命令，`\newcommand{\新字体名称}{\CJKfamily{自定义字体族名}}`。这一点跟英文新字体族定义有点差别。

以上讨论的字体设置的问题，但最核心的字体从哪来？可以使用一条系统自带的命令`fc-list:lang=zh`在命令行运行检索系统已安装的中文字体，通常会显示很多行记录，表明已安装的字体很丰富。现以几条典型记录进行说明：

```
C:/Windows/fonts/simsun.ttc: NSimSun, 新宋体: style=Regular, 常规
C:/Windows/fonts/simsun.ttc: SimSun, 宋体: style=Regular, 常规
C:/Windows/fonts/SIMLI.TTF: LiSu, 隶书:style=Regular
C:/Windows/fonts/SIMYOU.TTF: YouYuan, 幼圆:style= Regular
C:/Windows/fonts/Dengb.ttf: DengXian, 等线:style=Bold
C:/Windows/fonts/Deng.ttf: DengXian, 等线:style=Regular
```

可以看到，使用该方法查到的结果既包括字体文件名，也包括字体名，可按需选用。还需要注意的是，可能存在同一字体名对应两个或多个不同字体文件的情况，比如等线体，分别对应不同的**style**，属于字体的不同属性，

与前面所述的字体形状和字体系列对应，这种情况下在设置字体时建议优先选择字体名，不必要针对加粗或斜体（如果存在相应字体）进行单独的属性设置。此外，运行字体查询命令时输出结果可能无法显示中文，这是因为命令窗口缺少对中文支持造成的，不影响字体设置，但影响对字体名的理解。有了以上基础，就可以理解文档模板中（比如文档类文件.cls）关于字体设置的原理了，并能作出相应的修改。比如：

```
\newcommand\defaultSog{SimSun}            % 宋体，用于正文
\newcommand\defaultHei{SimHei}            % 黑体，用于标题
\newcommand\defaultKai{KaiTi}             % 楷体，一般用于强调
\newcommand\defaultFag{FangSong}          % 仿宋，一般用于强调
\newcommand\defaultEngFont{Times New Roman}
                                          % 英文文本默认字体
\RequirePackage{fontspec}                 % 设置字体
\RequirePackage[SlantFont, BoldFont, CJKchecksingle]
{xeCJK}                                   % 设置中文字体
\defaultfontfeatures{Mapping=tex-text}
                                          % 启用 TeX Ligatures
\setCJKmainfont[ItalicFont=\defaultKai, BoldFont=\defaultHei]{\defaultSog}
\setCJKsansfont[ItalicFont=\defaultKai,BoldFont=\defaultHei] {\defaultSog}
                                          %% 设置 CJK 字体族
\setCJKfamilyfont{song}{\defaultSog}      % 宋体
\setCJKfamilyfont{hei}{\defaultHei}       % 黑体
\setCJKfamilyfont{kai}{\defaultKai}       % 楷体
\setCJKfamilyfont{fang}{\defaultFag}      % 仿宋
```

```
\setCJKfamilyfont{eng}{\defaultEngFont}        % 英文
\setmonofont{\codeFont}                        % 等宽英文
\setmainfont{\defaultEngFont}          % 英文文本默认字体
\newcommand{\fSong}{\CJKfamily{song}}      % 宋体：fSong
\newcommand{\fHei}{\CJKfamily{hei}}        % 黑体：fHei
\newcommand{\fKai}{\CJKfamily{kai}}        % 楷体：fKai
\newcommand{\fFang}{\CJKfamily{fang}}      % 仿宋：fFang
\newcommand{\fEng}{\CJKfamily{eng}}        % 英文：fEng
\newcommand\codeFont{Consolas}         % 等宽英文默认字体
```

如果下载新模板运行报错，检查是否是缺少字体，如果属实，只需将模板中关于字体设置的字体名改成本机已安装的字体即可，或者下载安装缺少字体来解决问题。接下来是关于字体大小的设置。

在标准的文档类，如 article、report 以及 book，默认支持三种不同的字体大小 10pt(默认)、11pt、12pt。通过\documentclass[12pt]{article} 命令进行全局修改，在这三种全局字体大小设置条件下，TeX 系统又定义了一些内置控制字体大小的命令，用于局部字体大小的控制，如表6.1所示。

表6.1 标准文档类中字体大小控制命令

字体大小控制命令	10pt	11pt	12pt
\tiny	5pt	6pt	6pt
\scriptsize	7pt	8pt	8pt
\footnotesize	8pt	9pt	10pt
\small	9pt	10pt	10.95pt
\normalsize	10pt	10.95pt	12pt
\large	12pt	12pt	14.4pt
\Large	14.4pt	14.4pt	17.28pt
\LARGE	17.28pt	17.28pt	20.74pt
\huge	20.74pt	20.74pt	24.88pt
\Huge	24.88pt	24.88pt	24.88pt

使用 $\TeX$ 系统内置字体大小控制命令控制字体大小有很大局限性，使用习惯不符合中文字号习惯。此外，字体大小还需与行距匹配，所以需设置一些方便使用的字号及行距，可以使用 \fontsize{字体大小}{行距} 进行设置，为方便引用字号，还需在字体尺寸、行距设置基础上定义新的字号命令。以下为常用中文字号的设置方法。

```
\RequirePackage{type1cm}                                    % 设置字号与行距
\newcommand{\sChuhao}{\fontsize{42pt}{63pt}\selectfont}
                                                            % 初号，1.5 倍
\newcommand{\sYihao}{\fontsize{26pt}{36pt}\selectfont}
                                                            % 一号，1.4 倍
\newcommand{\sErhao}{\fontsize{22pt}{28pt}\selectfont}
                                                            % 二号，1.25 倍
\newcommand{\sXiaoer}{\fontsize{18pt}{18pt}\selectfont}
                                                            % 小二，单倍
\newcommand{\sSanhao}{\fontsize{16pt}{24pt}\selectfont}
                                                            % 三号，1.5 倍
\newcommand{\sXiaosan}{\fontsize{15pt}{22pt}\selectfont}
                                                            % 小三，1.5 倍
\newcommand{\sSihao}{\fontsize{14pt}{21pt}\selectfont}
                                                            % 四号，1.5 倍
\newcommand{\sHgXiaosi}{\fontsize{13pt}{19pt}\selectfont}
                                                            % 半小四，1.5 倍
\newcommand{\sLgXiaosi}{\fontsize{12.5pt}{13pt}\selectfont}
                                                            % 半小四，约 1 倍
```

```
\newcommand{\sXiaosi}{\fontsize{12pt}{14.4pt}\
selectfont}                              % 小四, 1.2 倍
\newcommand{\sLargeWuhao}{\fontsize{11pt}{11pt}\
selectfont}                              % 大五, 单倍
\newcommand{\sWuhao}{\fontsize{ 10.5pt}{ 10.5pt}\
selectfont}                              % 五号, 单倍
\newcommand{\sXiaowu}{\fontsize{9pt}{9pt}\selectfont}
                                         % 小五, 单倍
\newcommand{\sDefault}{\fontsize{12pt}{20pt}\selectfont}
                                         % 小四, 1.67 倍
```

6.4 公式录入

擅长公式（包括各类复杂符号）排版可以说是 LaTeX 排版系统的最大特色，能使公式和文本融为一体、相互统一、协调美观。这一点与所见即可得的文字处理软件有本质不同，比如在 Word 或 WPS 里处理公式或特殊符号大多采用的是嵌入对象的形式，通俗理解其实就是张图片，这样很容易造成与普通正文文本的不匹配或不协调，美观性变差。

公式录入的基本要素是各类符号，如求和、积分、分数、上下标、希腊字母、运算符号等，符号本身的录入是通过反斜杠加符号名的简称来实现的，如求和符号 $\sum$ 需要用\sum来录入，积分符号 $\int$ 需要用\int来录入，诸如此类。如此一来就需要记忆大量符号名才行，这也是令初学者望而却步的主要原因。实际上，现在广泛使用的集成编译环境大都自带向导，也可以通过鼠标选择进行录入，如6.1一节中介绍的 TeXStudio。再者这类集成编译环境还自带提示补全功能，使用起来也很方便。更为重要的是，实际需要记忆的符号数量远没有人们想象的多，只要掌握少量一部分即可完成80%以上的

工作，而且一旦掌握，其效果将非常突出。表6.2所示的常用符号可供参考，该表的使用重在触类旁通、举一反三，从符号名上理解符号的来源，帮助记忆。比如远远小于符号<<使用两个*l*来表示，原因是*l*是less的首字母，再结合大于是great，等于是equal，取其首字母很容易组合出远远大于>>、大于或等于≥、小于或等于≤等符号。equal也可简写为eq，所以\ge和\geq得到的结果都是≥。有时大于或等于使用符号⩾，这时就要用命令\geqslant，slant表示倾斜的意思，与符号本身结合起来就容易理解了。如果大于或等于的符号中想保留完整的等号，即≧，这时符号录入的语法为\geqq，后多了一个q，表示等号多了一横。总之，尽量建立符号与语法之间的对应关系，试图解释语法的合理性，这样就容易记忆了。

掌握这些符号只是能保证符号能被顺序排出，对于分数、上下标这种对符号相对位置有要求的排版掌握这些符号是不够的，还需要掌握分数、上下标的排版技巧，有了这些基础就基本掌握公式的录入准则了。分数通过\frac{分子}{分母}录入，上下标通过在字符后紧跟^{上标}或_{下标}录入。分式排版还有几种变体形式，分别为\tfrac、\dfrac、\cfrac，代表的意义分别为文本格式（较矮$\frac{1}{2}$）、展示格式（较高$\frac{1}{2}$）和连分数格式（$\frac{1}{1+\frac{1}{2}}$）。根据前面介绍的基础知识，可尝试排版以下公式。

1. 薛定谔方程

$$i\hbar\frac{\partial \psi}{\partial t}=-\frac{\hbar^2}{2m}\frac{\partial^2 \psi}{\partial x^2}$$

```
i \hbar \frac{\partial \psi}{\partial t}=-\frac{\hbar^{2}}{2 m}
\frac{\partial^{2} \psi}{\partial x^{2}}
```

表 6.2 常用符号汇总表

符号	语法	符号	语法	符号	语法	符号	语法	符号	语法
α	\alpha	β	\beta	γ	\gamma	δ	\delta	ϵ	\epsilon
ε	\varepsilon	ζ	\zeta	η	\eta	θ	\theta	ϑ	\vartheta
κ	\kappa	λ	\lambda	μ	\mu	ν	\nu	ξ	\xi
ϕ	\phi	Φ	\Phi	π	\pi	ρ	\rho	σ	\sigma
τ	\tau	χ	\chi	φ	\varphi	ψ	\psi	ω	\omega
$\ll$	\ll	$\gg$	\gg	$\le$	\le	$\ge$	\ge	$\approx$	\approx
$\in$	\in	$\propto$	\propto	$\parallel$	\parallel	$\perp$	\perp	$\notin$	\notin
$\neq$	\neq	$\pm$	\pm	$\mp$	\mp	$\cdot$	\cdot	$\div$	\div
$\times$	\times	$\circ$	\circ	$\sum$	\sum	$\prod$	\prod	$\int$	\int
$\oint$	\oint	$\iint$	\iint	$\int\cdots\int$	\idotsint	$\hat{a}$	\hat{a}	$\bar{a}$	\bar{a}
$\vec{a}$	\vec{a}	$\dot{a}$	\dot{a}	$\ddot{a}$	\ddot{a}	$\leftarrow$	\leftarrow	$\rightarrow$	\rightarrow
$\Leftarrow$	\Leftarrow	$\leftrightarrow$	\leftrightarrow	$\uparrow$	\uparrow	$\nearrow$	\nearrow	$\searrow$	\searrow
$\overrightarrow{AB}$	\overrightarrow{AB}	$\underleftarrow{AB}$	\underleftarrow{AB}	$\hbar$	\hbar	$\exists$	\exists	$\forall$	\forall
∞	\infty	$\triangle$	\triangle	$\angle$	\angle	$\surd$	\surd	$f'(x)$	f'(x)
$\leqslant$	\leqslant	$\leqq$	\leqq	$\geqslant$	\geqslant	$\because$	\because	$\therefore$	\therefore
∇	\nabla	∂	\partial	$\sin$	\sin	$\cos$	\cos	$\tan$	\tan
$\lim$	\lim	$\log$	\log	$\ln$	\ln	ABCD	\mathrm{ABCD}	$\mathbf{ABCD}$	\mathbf{ABCD}
$\mathcal{ABCD}$ \mathcal{ABCD}		$\mathbb{ABCD}$ \mathbb{ABCD}		$\boldsymbol{\mu, M}$ \boldsymbol{\mu, M}		$\mathring{A}$ \mathring{A}			

2. 麦克斯韦方程组

$$\oint_S \mathbf{D} \cdot \mathrm{d}\mathbf{A} = Q_{f,S}$$
$$\oint_S \mathbf{B} \cdot \mathrm{d}\mathbf{A} = 0$$
$$\oint_{\partial S} \mathbf{E} \cdot \mathrm{d}\mathbf{l} = -\frac{\partial \Phi_{B,S}}{\partial t}$$
$$\oint_{\partial S} \mathbf{H} \cdot \mathrm{d}\mathbf{l} = I_{f,S} + \frac{\partial \Phi_{D,S}}{\partial t}$$

```
\oint_{S} \mathbf{D} \cdot \mathrm{d} \mathbf{A} & = Q_{f, S}
\oint_{S} \mathbf{B} \cdot \mathrm{d} \mathbf{A} & = 0
\oint_{\partial S} \mathbf{E} \cdot \mathrm{d}  \mathbf{l} & =-\frac{\partial \Phi_{B, S}}{\partial  t}
\oint_{\partial S}  \mathbf{H}  \cdot  \mathrm{d} \mathbf{l} & =I_{f, S}+\frac{\partial \Phi_{D, S}}{\partial t}
```

3. 傅里叶变换

$$F(\omega) = \mathcal{F}[f(t)] = \int_{-\infty}^{\infty} f(t)\mathrm{e}^{-i\omega t}\mathrm{d}t$$

```
F(\omega)=\mathcal{F}[f(t)]=\int_{-\infty}^{\infty} f(t) e^{-i \omega t} \mathrm{d} t
```

4. 欧拉公式

$$e^{i\pi} + 1 = 0$$

```
e^{i \pi}+1=0
```

5. 牛顿第二定律

$$F = ma$$

```
F = ma
```

6. 勾股定理

$$a^2+b^2 = c^2$$

```
a^2 + b^2 = c^2
```

7. 质能方程

$$E = mc^2$$

```
E = mc^2
```

8. 圆的周长公式

$$c = 2\pi r$$

```
c = 2\pi r
```

可以看出，掌握前面介绍公式录入的基本知识，对录入以上所举方程示例基本够用。表6.2中列出了大小写的phi，输入方法的区别是首字母大小不同，所以可以推论出，大写希腊字母只需将小写希腊字母的首字母改成大写即可，所以大写Φ用\Phi输入。关于希腊字母还需要说明一点，Alpha、Beta等部分希腊字母符号不存在，因为它们和拉丁字母的A、B等相同。

以上讨论的只是符号本身，而符号所处的环境才是影响排版效果的决定因素。最简单的公式环境$$及\[\]，前者录入的公式是行内公式（inline equation），表示段落内文字与文字之间的公式，比如质能方程$E=mc^2$就是通过\$E=mc^2\$录入的；后者录入的公式是展示公式（displayequation），表示段落与段落之间的公式，也称为行间公式，比如还是质能方程：

$$E = mc^2$$

录入时输入的是 \[E = mc^2\] 。

以下讨论的公式环境均是以 \begin{环境名} 开头，以 \end{环境名}

结尾，输入的符号置于开头和结尾之间。常见的公式环境如下：

1. equation

生成行间公式，并带有公式编号，如果使用该环境又不想要公式编号，可在环境名后加*号。对于有编号的公式，为了在正文中引用此编号，需对公式进行命名，命名方法为在录入公式后使用\label{公式名}，正文中引用公式时，使用（\ref{公式名}），也可使用amsmath宏包提供的命令\eqref{公式名}，公式编号两端会自动添加括号。对公式的命名没有特殊要求，建议使用英文字符，不加空格，并以equ:开头。比如：

$$a^2+b^2=c^2 \tag{6.1}$$

公式(6.1)被称为勾股定理。

2. align

适合于一组公式的输入，如前面举的麦克斯韦方程组的例子。该环境能为组内的每个公式编号，而且可用 & 符号设置对齐的位置，对齐位置一般在公式的左边。对于不想编号的公式在其后输入 \notag 即可，如果整个公式组都不需要编号，可以在环境名 align 后添加 * 号。比如：

$$\begin{align} a &= b+c \tag{6.2}\\ &= d+e+f+g+h+i+j+k+l+m+n+o \tag{6.3}\\ &= p+q+r+s \tag{6.4} \end{align}$$

3. aligned

适合于对多行公式共用一个编号的情况，编号位于公式组垂直居中的位置。但该环境需要与equation环境嵌套使用，不能单独使用。比如：

$$\begin{aligned} a &= b+c \\ d &= e+f+g \\ h+i &= j+k \\ l+m &= n \end{aligned} \tag{6.5}$$

4. array

适合于数组、矩阵、行列式等特殊公式块录入，其用法与表格环境 tabular 极为相似，也需要定义列格式，并用 \\ 换行，用 & 对齐。整个公式块可作为整体在左右套用大括号、竖线等定界符。另外，该环境需要套用在公式环境中，不能单独使用。比如：

$$\begin{pmatrix} x_{11} & x_{12} & \cdots & x_{1n} \\ x_{21} & x_{22} & \cdots & x_{2n} \\ \vdots & \vdots & & \vdots \\ x_{n1} & x_{n2} & \cdots & x_{nn} \end{pmatrix} \tag{6.6}$$

5. matrix

amsmath 宏包提供的矩阵排版环境，使用方法较 arry 环境更为简洁，有各种自带定界符的变体形式，包括 pmatrix、bmatrix、Bmatrix、vmatrix 以及 Vmatrix，其定界符分别对应 (、[、{、| 以及 ||。使用这些环境无需定义列格式。比如：

$$\begin{bmatrix} x_{11} & x_{12} & \cdots & x_{1n} \\ x_{21} & x_{22} & \cdots & x_{2n} \\ \vdots & \vdots & & \vdots \\ x_{n1} & x_{n2} & \cdots & x_{nn} \end{bmatrix} \tag{6.7}$$

6. multline

适用于长公式折行，使用 \\ 折行，公式编号置于最后一行。习惯上优先在等号之前折行，其次在加号、减号之前，再次在乘号、除号之前。其他位置应当避免折行。多行公式的首行左对齐，末行右对齐，其余行居中，无法在固定位置对齐，美观性较差，不建议使用。比如：

$$\begin{aligned}a+b&+c+d+e+f+g+h+i\\&=j+k+l+m+n\\&=o+p+q+r+s\\&=t+u+v+x+z\end{aligned} \quad (6.8)$$

6.5 图形插入

6.5.1 常规的图片插入方法

LaTeX对插图功能的支持需要由graphicx宏包辅助支持。在LaTeX中，通常使用的图片都是jpg和png格式，前者存储更小，但质量有损失，而后者可以做到无损压缩。这二者都不能做到放大不失真。为了达到放大不失真的效果，需要采用矢量图，文件格式包括svg（需要单独宏包支持）、eps和pdf，建议优先采用矢量格式的pdf文件。

文档中插图的命令为

`\includegraphics[插图选项]{插图文件名}`

插图选项包括图形长、宽、比例、倾斜角度、剪裁范围等，对原始图形进行控制，插图文件名建议用英文，既不要有空格，也不要有多余的英文点号，否则系统在解析文件名的过程中可能会出错。为了使系统能找到指定文件名的图形文件，最简单的方法是将图形文件与文档主文件放在同一目录下，但这样会导致目录下文件繁多、零乱、不简洁，因此建议将所有图形放在主文件所在目录下的图形子目录下（如figure或graph），然后在导言区用`\graphicspath{{figures/}{graph/}}`指定图形文件所在目录的位置，之后在文档中插入图片时直接引用图形文件名即可，不必每次都附带指定图形文件的路径。直接使用\includegraphics插入图片时，图片将被插入上下文之间，相当于Word文档里的嵌入型，位置固定，不利于版面结构优化，而且不带图题，因此一般不单独使用。

插图大多以浮动格式插入文档适当位置，具体在什么位置由算法来计算，用户不必担心，这也是LaTeX排版的优势之一，可避免页面下端出现大量空白。插图与图题绑定出现，避免图与图题分离。浮动图形出现在页面上的位置优先次序可自行设定，页面顶端(t)、底端(b)、当前位置(h)或是图片独占一页(p)，优先顺序一般为htbp。

浮动插图的方式通过 figure 环境来实现，具体为

```
\begin{figure}[htbp]
\centering
\includegraphics[scale=0.2]{logo.png}
\caption{NPU logo}
\end{figure}
```

产生的插图效果如图6.3所示。

图 6.3　NPU logo

插图选项是控制图形的重要参数，实际输参数时不需要输入尖括号，最常用的选项包括：

（1）width=<宽度值>将图形缩放到指定的宽度值，数值单位可以是厘米、英寸、磅等，也可以是相对版心大小的比例表达式，如0.8\textwidth。

（2）height=<高度值>将图形缩放到指定的高度值，设置方法同 **width**，高度和宽度设定一个即可，如果两个都设定可能导致图形变形。

（3）keepaspectratio=<true or false>保持纵横比例不变的开关，缺省是关闭的，如果高度和宽度同时设定，且保持该参数为**true**，则图形将按高度和宽度中较小的一个参数缩放图形，以使图形不变形。

（4）scale=<缩放比例值>直接以比例数值对图形进行缩放。

（5）angle=<旋转角度>逆时针为正值，顺时针为负值，角度为度数值。图形旋转操作需要注意旋转中心，缺省为图形的左下脚，这样在作顺时针旋转时可能导致旋转后的图形与左侧文本或图形底端不对齐，此时可以设置旋转中心为右下脚（origin=rb）。其他的旋转中心还包括左上脚lt、右上脚rt、左中点lc、右中点rc、上中点ct、下中点cb、左基点lB、右基点rB，可以按需求进行设置。

（6）draft=<true or false>局部设置图形是否为草稿模式，缺省为false，如果设为true，图片将以方框加文件名显示，方框大小与实际图形插入时的大小一致，不加载实际图片，但可以真实反映出排版效果，加快编译速度。

（7）viewport=<4个以空格分隔的数值>限定图形的某一局部区域，四个数值分别是左下角和右上角两个点的横纵坐标值，坐标值是相对于原始图形幅框的原点确定的。

（8）clip=<true or false>依据viewport限定的图形对原图形进行剪裁。

（9）page=<文件页码>如果图形来自一个多页构成的pdf文件，可以限定图形所在的页码，再结合viewport限定所在页码上的区域，实现对指定页码上、指定区域的图形插入，这对于插图来自同一pdf文件的情况非常实用，但确定viewport的四个坐标值相对烦琐，将在后面介绍。

以上这些参数可以组合使用，提升图形插入的灵活度。

6.5.2 文绕图

如果图形不大，单独占行浪费版面，可以采用文绕图的方式，常用的处理方式是wrapfig，该宏包提供了wrapfigure环境，实现途径为

```
\usepackage{wrapfig}      %   在导言区引用
\begin{wrapfigure}[环绕文本的行数]{rlio}{图形宽度}
\centering
\includegraphics[scale=0.2]{logo.png}
\caption{npu  logo}
\label{fig:wrapnpulogo}
\end{wrapfigure}
```

这段代码要置于要环绕文字之前。其中，r、l、i、o四个字母选其一，表示环绕图形位于页面的右侧、左侧、内侧或是外侧。

6.5.3 并排图

前面讲过\includegraphics插入的图片类似于 Word 里的嵌入对象，因此可以使用多个\includegraphics命令插入多张图片，图片之间也可进行距离、换行等控制，从而实现图形并排的目的，如图6.4所示。

图 6.4 NPU logos

使用的代码为

```
\begin{figure}[htbp]
  \centering
 \includegraphics[scale=0.2]{logo.png}\hspace{0.5cm}
 \includegraphics[scale=0.2]{logo.png}\\ \vspace{0.3cm}
 \includegraphics[scale=0.2]{logo.png}\hspace{0.5cm}
 \includegraphics[scale=0.2]{logo.png}
 \caption{NPU  logos}\label{fig:npulogos}
\end{figure}
```

图与图之间左右、上下的距离通过 \hspace{距离} 和 \vspace{距离} 控制，图的下方也可添加说明文字。该方法类似于 Word 软件里的图文框或画布，实现方法简单，但对子图的说明和引用存在缺陷，特别是图形大小不一样时，图形只能底端对齐，可控性不好。多图并排的优选方案参照6.5.4一节。

如果并排图为独立图题，此时可用 caption 宏包提供的 \captionbox 功能，如图6.5和图6.6所示。

图 6.5　左 logo　　图 6.6　右 logo

使用的代码为

```
\begin{figure}[htbp]
  \centering
   \captionbox{左 logo\label{fig:leftlogo1}}[0.4\
```

```
textwidth]{\includegraphics[scale=0.2]{logo.png}}
    \captionbox{右logo\label{fig:rightlogo1}}[0.4\
textwidth]{\includegraphics[scale=0.2]{logo.png}}
\end{figure}
```

6.5.4 子图

子图宏包最早使用的是 **subfigure** 和 **subfig**，开发者是同一个人，最后一次维护都是 2005 年，而且后者替代前者，之后就一直没有维护，两者使用上有差别，使用时要注意。目前推荐更稳定的子图宏包 **subcaption**，2007 年开发，至今一直在维护。subcaption 提供的插入子图的方式有几种，最简单的是使用 \subcaptionbox 命令，也可以使用 subcaptionblock 环境。

1. \subcaptionbox 命令插入子图

图6-7所示为\subcaptionbox命令插入子图的例子。

(a) 左 logo　　　　　　(b) 右 logo

图 6.7　NPU logos

使用的代码为

```
\begin{figure}[htbp]
 \centering
   \subcaptionbox{左 logo\label{fig:leftlogo}}
      [0.4\textwidth]{\includegraphics[scale=0.2]{logo.
```

```
png}}
  \subcaptionbox{右logo\label{fig:rightlogo}}
    [0.4\textwidth]{\includegraphics[scale=0.2]{logo.
png}}
\end{figure}
```

2. subcaptionblock 环境插入子图

图6.8所示为**subcaptionblock** 环境插入子图的例子。

(a) 左 logo   (b) 右 logo

图 6.8   NPU logos

使用的代码为

```
\begin{figure}[htbp]
  \centering
  \begin{subcaptionblock}{0.4\textwidth}
    \centering
    \includegraphics[scale=0.2]{logo.png}
    \caption{左 logo}\label{fig:leftlogoblock}
  \end{subcaptionblock}
  \begin{subcaptionblock}{0.4\textwidth}
    \centering
    \includegraphics[scale=0.3]{logo.png}
```

```
    \caption{右 logo}\label{fig:rightlogoblock}
  \end{subcaptionblock}
  \caption{npu  logos}\label{fig:npulogosinalone}
\end{figure}
```

6.5.5 中英图题

如果论文中的图需要同时设置中英双语，可使用bicaption宏包。使用方法非常简单，只需将设置单图题的指令\caption{图题内容}改成\bicaption{中文图题}{英文图题}即可。但要注意，使用前要在导言区引用宏包并进行设置，以保证生成的中英图题的标签分别为"图"和"Figure"，以及"表"和"Table"，具体方法如下：

```
\usepackage{bicaption}
\captionsetup[table][bi-second]{name=Table}
\captionsetup[figure][bi-second]{name=Figure}
```

图6.9所示为双图题的例子。

图 6.9　西北工业大学图标
Figure 6.9　NPU logo

双语图题输入完成后，我们可能面临图题修改的问题。典型情形有，只需输出一种语言的图题，也就是原来录入的双语图题，但实际只需要单语种图题，比如学位论文写作时输入的是双语图题，而在投稿时只需英文或中文图题；另一种情况是，输入时是以中文作为主图题的，但在实际使用时，我们又希望将英文作为主图题。类似这样的情况，不必要对已输入的双图题进行修改，只需要进行恰当设置即可实现。这对大型文档而言，非常方便适用。图题设置使用的命令是 \captionsetup{图题设置选项关键字及赋值}，设置的影响范围可以是全局的，通常将其置于导言区；也可以是局部的，将其置于浮动图环境 figure 里。典型图题设置选项包括：

（1）bi-lang=<value>。其值可以为 both、first 或 second，分别代表显示双图题、只显示第一图题 或只显示第二图题。具体代码为

\captionsetup{bi-lang=both}

\captionsetup{bi-lang=first}

\captionsetup{bi-lang=second}

以上三个设置按需选其一即可。

（2）bi-swap=<value>。其值为 true 或 false，表示中英双语图题的位置是否要交换。

6.6 表格

科技论文常用的表格以三线表格为主，具有形式简洁、功能分明、阅读方便等特点，通常只有3条线，即顶线、底线和栏目线（无竖线）。三线表并不一定只有3条线，必要时也可增加辅助线，但无论加多少条辅助线，仍称作三线表。三线表的组成要素包括表序、表题、项目栏、表体、表注。表6.3所示为三线表格的示例。

表6.3 三线表格示例

项目栏1	项目栏2	项目栏3	项目栏…
		表体	

6.6.1 表格基本环境

表6.3所示的三线表格其LaTeX代码为

```
\begin{table}[htbp]
  \caption{\label{threelines} 三线表格示例 }
  \centering
\begin{tabular}{llll}
  \hline
  项目栏 1 & 项目栏 2 & 项目栏 3 & 项目栏 \ldots{}\\ \hline
    &    &    & \\
    &    & 表体 & \\
    &    &    & \\
  \hline
  \end{tabular}
\end{table}
```

表格是由两个嵌套环境构成的，最外层是table环境，最内层为tabular环境。table为表格浮动体，与图形浮动体环境figure类似，生成表格的位置由排版系统自动计算，依据htbp的优先顺序放置表格位置。table环境生成一个带表题的表格，\caption设置表题内容，其位置可在tabular环境之上，也可以在tabular环境之下，对应表题位于表格上方或下方。\centering控制表格体在页面居中对齐。tabular环境生成表格主体。四个字母l表示表格有四列，且居左对齐，列与列之间没有竖线相隔，如果需要竖线，只需在需要竖线的列对应字母左右输入竖线符|即可，如ll|ll。\hline表示画横线，\\表示换行，&表示制表位，四列应该有三个制表位，单元格的内容位于制作表之间。

6.6.2 带注释的表格

使用 threeparttable 宏包。表6.4就是带注释表格的例子。

表 6.4 带注释的表格示例

项目栏 1	项目栏 2[1]	项目栏 3	项目栏 ...
		表体[2]	

1 the first note ...
2 the second note ...

```
\begin{table}
\centering
    \begin{threeparttable}[b]
        \caption{ ...}
\begin{tabular}{llll}
\hline
项目栏 1 & 项目栏 2\tnote{ 1} & 项目栏 3 & 项目栏 \ldots{}\\
\hline
 &   &   & \\
 &   & 表体\tnote{2} &   & \\
 &   &   & \\
\hline
\end{tabular}
        \begin{tablenotes}
```

```
        \item    [1]   the   first   note   ...
        \item    [2]   the   second  note   ...
        \end{tablenotes}
    \end{threeparttable}
\end{table}
```

表格注释的编号不能自动编号，必须在表格主体内容里指定表格编号，如\tnote{a}，对应的表格下的注释使用 \item[a] ...。\tnote也可出现在表题中，表题的注释不会被自动提取到表的目录列表中。

6.6.3　表格纵排

论文写作中，有时候会遇到某一个表格水平跨度太长，但是 L^AT_EX 不能根据页面的宽度自动断开单元格内的内容，会出现表格内容跨出文档水平长度无法显示的情况，此时可通过四种途径来解决这一问题：

第一，最简单也是最初级的方法，就是缩小表格里面的内容显示字体。该方法有一定的局限性，仅适用于超出部分不太大的场合，对于长度很长、内容又很多的表格不适用，因为会导致字体太小而无法辨识。

第二，使用表格选项中的p{width}来限定某一列的长度，比如p{5cm}，这一方法将在6.6.5一节进行介绍。

第三，更换表格生成环境，如tabular*环境或者tabularx环境，对表宽或列宽进行控制或自动计算。

第四，如果制作的表格水平跨度确实非常长，而且表格也很大，这时最好的处理方式是将表格旋转为纵向放置，使用rotating宏包。

将表格在页面布局位置旋转，需要在文档的preamble部分加上\usepackage{rotating}宏包，然后使用环境sidewaystable。

需要注意的是，对于书籍类（book）类文档，应用sidewaystable环境后，对于偶数页面上的纵排表格而言，表题有可能出现在偶数页版面的右侧，也就是靠里的一侧，不便于阅读，为此，在应用rotating宏包时，使用figuresright选项即可使表题向左，达到表题处于页面偶数页左侧的目的。表6.5所示为表格纵排的例子，其实现代码为

表 6.5　表格纵排示例

项目栏 1	项目栏 2	项目栏 3	项目栏 ……
		表体	

```
\begin{sidewaystable}[htbp]
\caption{\label{threelines2} 表格纵排示例 }
\centering
\begin{tabular}{llll}
\hline
项目栏 1 & 项目栏 2 & 项目栏 3 & 项目栏 \ldots{}\\
\hline
 &    &    & \\
 &    & 表体 & \\
 &    &    & \\
\hline
\end{tabular}
\end{sidewaystable}
```

6.6.4 跨页长表

遇到行数过多的表格，或者允许表格跨页断行的情况时，可使用 longtable 环境，在导言区需要申明使用 longtable 宏包。比如表6.1的原始代码为

```
\begin{longtable}{cccc}
\caption{\label{absolute-font} 标准文档类中字体大小控制命令 }
\\
\hline
& 文档 & 全局 & 字号 \\
字体大小控制命令 & 10pt & 11pt & 12pt\\
\hline
\endfirsthead
\multicolumn{4}{l}{Continued from previous page} \\
字体大小控制命令 & 10pt & 11pt & 12pt \\
\hline
\endhead
\hline\multicolumn{4}{r}{Continued on next page} \\
\endfoot
\endlastfoot
\hline
\textbackslash tiny & 5pt & 6pt & 6pt\\
\textbackslash scriptsize & 7pt & 8pt & 8pt\\
\textbackslash footnotesize & 8pt & 9pt & 10pt\\
\textbackslash small & 9pt & 10pt & 10.95pt\\
\textbackslash normalsize & 10pt & 10.95pt & 12pt\\
\textbackslash large & 12pt & 12pt & 14.4pt\\
```

```
\textbackslash Large  &  14.4pt  &  14.4pt  & 17.28pt\\
\textbackslash LARGE  &  17.28pt  &  17.28pt  & 20.74pt\\
\textbackslash huge   &  20.74pt  &  20.74pt  & 24.88pt\\
\textbackslash Huge   &  24.88pt  &  24.88pt  & 24.88pt\\
\hline
\end{longtable}
```

除正常表格的内容外，有几个关键词分析一下其作用，可对照表6.1进行理解。

1. \endfirsthead

该关键词以上的内容是首页表头的内容，如果首页表头与跨页表头的内容一样，可不设置。

2. \endhead

该关键词以上的内容是跨页后重复表头的内容。

3. \endfoot

该关键字以上的内容是跨页表底端的注释文字，通常与 \multicolumn 结合使用，表示合并单元格后显示注释文字。

4. \endlastfoot

如果首页表底的注释文字与跨页表底的注释文字不一样，可在此关键词前进行设置。以上这些关键词之前的内容设置完成后，其后的内容与 table 环境下表格的录入相同。

6.6.5 tabular 表格体控制

表格的复杂性主要表现在对表格体的控制上，比如列宽控制、合并单元格、表格元素对齐、行距控制等。下面对表格体的几个重要方面进行简要介绍。

1. 列格式及对齐

表格体的列格式通过 \begin{tabular}{列格式控制符} 表格体环境开

始命令后的列格式控制符进行。常见的列格式控制符如表6.6所示。

表 6.6 LaTeX 表格列格式控制符

列格式控制符	作用说明
l/c/r	单元格内容左对齐/居中/右对齐，不折行
p{列宽值}	单元格宽度固定为 <列宽值>，可自动折行
|	绘制竖线
@{<string>}	列与列元素之间自定义填充内容 <string>

表格中每行的单元格数目不能多于列格式里l/c/r/p的总数（可以少于这个总数），否则出错。LaTeX对表格列的控制存在局限性，比如用p参数可以控制列宽，但控制列宽后单元格缺省为左对齐，如果既要控制列宽，又要保证居中对齐，就需要利用array宏包括提供的扩展功能了。array宏包提供了辅助格式>和<，用于给列格式前后加上修饰命令，尖头方向指向被修饰的列，尖头之后跟一对大括号，里面填写修饰内容，可以是对列操作的命令（如修改字体的命令，适用于全列），也可以是附加在列旁边的符号。如既要控制列宽、又要居中对齐，就可以使用>{\centering\arraybackslash}p{列宽值}进行设置[①]。

p{列宽值}控制的单元格内容与同一行其他单元格的相对位置是顶端对齐，array宏包还提供了类似p格式的m格式和b格式，三者分别在垂直方向上靠顶端对齐、居中以及底端对齐。表6.6综合应用了以上讨论的各种技术，其代码如下：

```
\begin{table}[htbp]
\caption{\label{tab:columcontrol}\LaTeX{} 表格列格式控制符}
\centering
\begin{tabular}{>{\(\triangle\)}lc|>{\centering\
```

---

① \centering 等对齐命令会破坏表格环境里 \\ 换行命令的定义，\arraybackslash 用来恢复之。如果不加 \arrayackslash 命令，也可用 \tabularnewline 命令代替原来的 \\ 实现表格换行。

```
arraybackslash\fangsong}m{5cm}} \hline
    &   列格式控制符   &   作用说明 \\
\hline
    &   l/c/r   &   单元格内容左对齐/居中/右对齐,不折行 \\
    &   p\{列宽值\}   &   单元格宽度固定为 < 列宽值 >,可自动折行 \\
    &   \(\vert\)   &   绘制竖线 \\
    &   \texttt{@\{<string>\}} & 列与列元素之间自定义填充内容 <string>\\
\hline
\end{tabular}
\end{table}
```

2. 列宽控制

在控制列宽方面，LaTeX表格有着明显的不足，不能像可视化编辑软件一样动态调整、预览列宽效果。l/c/r格式的列宽是由文字内容的自然宽度决定的，p格式能设给定列宽，而且可以利用array宏包的辅助格式控制对齐，但要直接生成给定总宽度的表格并不容易。最大的缺点还是无法预览调整效果，只能反复尝试。比较笨的方法是利用Word或Excel根据内容调整好列宽，计算出每一列的宽度，再设置表格。关于tabular*和tabularx宏包的X列格式，使用起来也未必方便，可酌情使用。

3. 横线及单元格合并

\hline是用于绘制贯通表格体左右的横线，我们可以用\cline{<i>-<j>}用来绘制跨越部分单元格的横线。只要将其置于换行符\\之后，就表示在当前行下绘制贯通i列到j列的横线，使用起来非常灵活。另外，使用booktabs宏包，可以绘制定制效果更好的三线表，它提供了\toprule、\midrule和\bottomrule命令分别绘制三线表中的上线、中线和下线，上、下一般较粗。与\cline对应的是\cmidrule。表6.7为booktabs宏包绘制三线表格的实例。

表 6.7 booktabs 宏包绘制三线表格

编码	Numbers		
	1	2	3
Alphabet	A	B	C
Roman	I	II	III

表 6.7 中，Numbers 横跨三列，编码横跨两行，可通过合并单元格命令实现，横向合并用命令 \multicolumn{合并的列数}{合并后单元格的列格式}{单元格内容}。纵向合并单元格需要用到 multirow 宏包提供的 \multirow{合并行数}{单元格宽度}{单元格内容} 命令，单元格宽度为自然宽度时直接填 *。表 6.7 的代码为

```
\begin{table}[htbp]
    \centering
    \caption{booktabs 宏包绘制三线表格}\label{tab: booktabexam}
  \begin{tabular}{cccc}
    \toprule
    \multirow{2}{*}{编码}& \multicolumn{3}{c}{Numbers}   \\
    \cmidrule{2-4}
      & 1 & 2 & 3 \\
    \midrule
      Alphabet & A & B & C \\
      Roman & I & II& III \\
    \bottomrule
  \end{tabular}
\end{table}
```

6.6.6 Emacs org mode 表格工具

如果使用Emacs进行文档编辑（参照6.9.1一节），文档格式又为org mode，这种情况下非常有利于表格的制作和阅读。输入表格时，行首首先录入"|"，接着录入单元格的内容，相邻单元格之间用"|"进行分隔，行尾也录入"|"，完成表格一行的录入，例如表6.8的表头可以这样录入，|操作|说明|。可以换行重复上一行类似的操作，也可以将光标置于任意单元格，直接回车新增一行并跳到下一行对应的单元格，也可以用其他快捷键组合新增一行，常用的表格操作快捷键如表6.8所示。

表 6.8 Emacs org-mode 文档录入表格时的常用快捷键

操作	说明
C-c |	生成 N 列 M 行表格，在 buffer 区域会提示输入 N*M
| - TAB	生成一行分隔线结构
C-c C-c	表格对齐
TAB	从左到右，光标从前一个字段跳到下一个字段
S+TAB	从右到左，光标从后一个字段跳到前一个字段
RET	光标移动到下一行。如果下一行还没有表格结构，则新增一行
C-c space	清空当前格
M-a	移动到当前表格的第一个格，或者移动前到一个格
M-e	光标移动到当前格的尾部或者移到下一格的尾部
M-left or right	左、右相邻两列位置互换
S-left or right	左、右相邻两个单元格内容互换
M-up or down	上、下相邻两行位置互换
S-up or down	上、下相邻两个单元格内容互换
M-S-left	删除光标所在列
M-S-up	删除光标所在行
M-S-right	光标所在位置插入一列
M-S-down	光标所在位置插入一行
S-RET	当单元格无内容时，将其上方第一个非空内容拷贝过来；否则拷贝当前内容到下一行并随之移动

续表

操作	说明
C-c -	在当前行之下插入水平线结构，导出时，会转换为一条直线
C-c RET	添加一行水平线结构，并新增一行表格
C-c ^	将最近的两条横线之间的区域进行排序，或者是整张表。如果光标在第一个格之前，则会提示输入要排序的列。命令方式，会提示排序方式:alphabetically,numberically,or by time。可以升序或者降序排列，也可以按照自己想要的规则，比如提供给 org 一个处理函数。大小写严格区分
C-c C-x M-w	复制一个长方形区域至 Emacs 剪切板。长方形的范围由光标和 mark 标记来确定
C-c C-x C-w	剪切一个长方形区域至 Emacs 剪切板
C-c C-x C-y	按原有的列数与行数粘贴一个长方形区域至表中。此操作，忽略横向分隔线。如果表格行列数不足，则自动补充

基于Emacs org mode文档编辑表格的方法通常适合于表格排列比较规则的场合，对于需要进行单元格局部合并、斜线表头等复杂表格，可以在org mode文档里直接按照LaTeX表格的语法插入。org mode格式的文档里，也可针对录入的表格进行属性设置，如长表格、横排表格、对齐、表题、表格标签等，这些设置可直接置于表格上方，通常包括三行，第一行，#+CAPTION:冒号后加空格再录入表题内容；第二行，#+ATTR_LATEX:设置表格属性和子环境，如对齐、列宽、长表格、横排表格等，可以用冒号加关键字的方式进行设置，如:enviroment longtable表示使用长表格环境，:float sidewaystable表示横排表格，:align表示表格的对齐设置，如对于两列表格，后跟"cc"表示居中对齐，"|c|c|"表示居中对齐，而且表格列与列之间有竖线相隔，如果既要求水平居中，也要求垂直居中，同时还要设置列宽，可使用array宏包的扩展列宽设置功能，同时还能给列格式增加修饰命令，如m{2cm}<{\centering}表示列宽2 cm，垂直居中且水平居中，类似的需求可扩展使用；第三行，#+NAME:后跟表格标签名，用于交叉引用。

如果表格的某一列内容太长，我们可以在表格之上增加一空行，用于控制org mode文档里表格的显示效果，实际不会输出，如可在内容较长一列的新增空行的对应单元格里录入"<100>"，表示此列只显示100个字符的宽度，大于此长度的文字将隐藏，并通过将鼠标置于对应列后，使用"C-cTAB"进行隐藏和显示之间的切换。org mode文档里的表格还可进行运算，在表格下方手工添加以"#+TBLFM:"开头的行，然后直接添加公式，用@来表示行，用$来表示列，最简单的，@3$2表示的是第三行第二列的位置。使用快捷键C-c }可以开启表格的横纵坐标显示，若要关闭的话再次使用它即可。如果想表示一个区域的话，用..来表示，如@2$1..@4$3表示左上角为第二行第一列单元格、右下角为第四行第三列单元格的区域，共包含9个单元格。如要计算表6.9中第三列的总价，可在表格录入时，其底部增加一行，#+TBLFM:$3=$1*$2，然后将光标置于该行，并操作快捷键C-c C-c，第三列即可自动计算出结果并填充到表格中，当前两列的数据有变更时，只要再执行一次快捷键操作即可。当有多个表达式时，使用两个冒号进行分隔。

表 6.9 表格单元格计算示例

单价	数量	总价
2	3	
10	6	
1	3	
4	3	

6.7 参考文献引用

LaTeX 中引用参考文献有两种方式。通常针对内容较小的文档或参考文献较少的文档，可以采用 thebibliography 环境来提供文献引用；对于文献较多的文档，则建议采用的.bib 格式的文献数据库进行管理和引用，具体文献库的建立及管理方法参见第5章，此处重点讨论如何从文献数据库中引用参考文献。

6.7.1 thebibliography 环境

thebibliography 方法相对简单，直接将参考文献的内容存放在 document 环境之内，清晰明了，随文档一起保存，适合于参考文献数量相对较少、或对参考文献的格式没有特殊要求的情况。这一环境可以置于文档的任意位置，但一般置于文档正文之后。

```
\begin{thebibliography}{99}
\bibitem [文献列表标签]{文献引用代码}    文献条目
\bibitem [文献列表标签]{文献引用代码}    文献条目
......
\end{thebibliography}
```

如果不设置文献列表的标签，文献列表将按序号进行编号，数字99代表文献列表标签的宽度，可以替换为任意字符，只起占位作用。thebibliography 环境出现的地方就会生成一个文献列表，其标题缺省为References。文献标签、内容完全通过手工录入。文中任何需要引用的地方通过文献引用代码引用即可，即\cite{文献引用代码}。要在正文中生成正确的引用效果，只要将文档编译两次即可。该方法与6.7.2一节介绍的通过数据库引用文献的方法不兼容，两者选其一，不可同时使用。

6.7.2 使用.bib数据库文件组织引用文献

.bib文件是最为流行的参考文献数据组织格式之一。它的出现让我们摆脱了手工录入参考文献条目的烦琐操作。我们还可以通过参考文献样式的支持，让同一份文献数据库生成不同样式的参考文献列表，这对于投稿不同期刊、按需生成参考文献列表非常重要。.bib作为扩展名的文献数据库，其内容是若干个文献条目，每个条目具有固定的格式，其基本结构为

```
@< 文献类型 >{< 文献引用代码 >,
<  关键字 1>  =  {内容} ,
<  关键字 2>  =  {内容} ,
<  关键字 3>  =  {内容} ,
....
}
```

文献类型包括期刊文章、学位论文、会议论文集中的一篇、书中的一章、专利等。文献引用代码为数据库关键字，是识别不同文献的关键，文献在正文中引用时就引用该代码。关键字是构成每一条文献记录的字段，比如作者、题目、年代、期刊、卷、期、页码等，每个关键字都有固定的单词对应，其内容值可以随意。每一条文献的关键字数量随文献类型的不同而不同，但对某种类型的文献而言，通常有必需的关键字，以保证文献信息的完整。但数据库本身不对文献的完整性负责，也就是允许存在信息不完整的记录，所以需要作者认真检查数据库的完整性与合理性。多数时候，我们无须自己手动输入文献条目。可以从 Google Scholar 或者期刊/数据库的网站上导出.bib 的文献数据库，大多数文献管理软件也支持生成.bib 格式的数据库。开源软件 **Jab Ref** 的原生文件即为.bib 文件，支持.bib 文献条目的导入、导出和管理。

文献记录中，要特别关注作者信息的录入，因为来自不同国家的学者其姓名差异很大，特别要理清姓与名。不同作者之间用 and 连接，每个作者姓在前，名在后，且姓与名之间用英文逗号相隔，或者名在前，姓在后，中间不要有连接标点，推荐采用前者。因为对于有中间名的情况，很难辨别出姓和名。比如爱因斯坦写为 Einstein Albert，麦克斯韦写为 Maxwell James Clerk。

建立好.bib 的文献数据库，接下来就可以在正文中引用了。最原始的引用命令是\cite{文献引用代码}，如果同一处引用多篇文献中，文献的引用代码可并列，并用英文逗号相隔。也可以对cite命令进行自定义设置，使引用编号以上标形式标注。以上分析可以看出，只要建立好.bib的文献数据库，正文中引用的操作非常简单。但要想使引用的文献能以正确的格式输出成文献列表，就需要应用两个应用程序，分别是bibtex和biber，.bib文件转换成一个.tex可理解的文件。可以说，bibtex和biber是.bib文件和LaTeX文档之间的接口或沟通桥梁。

引用参考文献的文档通常需要编译三次才能正确输出参考文献，而且在第一次编译后，会生成两个关于文档中引用参考文献的辅助文件，扩展名分别是.aux和.bcf（使用biblatex宏包才会生成.bcf文件），之后还需要应用刚才提到的两个程序bibtex或biber之一进行辅助编译，从.bib文献数据库中提取出文献中引用的文献记录，并以特殊格式输出为辅助文件，扩展名为.bbl，为后续编译生成含参考文献列表的最终文档提供支持。

bibtex和biber都是处理文献数据库的程序，前者非常稳定，应用也最广，但是文献输出样式很难修改，需要一定的程序语言设计基础，更重要的是，跨语言支持和非欧洲文字支持非常差，非ASCII字符最好避免使用。后者能够处理.bib文件中更多的条目和字段类型，能够处理UTF-8编码的.bib文件，具有更好的排序控制能力。两者各有利弊，到底运行哪个程序，视情况而定。bibtex必须结合文献输出格式.bst文件才能运行，而后者不需要；biber运行输出的结果只适用于biblatex宏包对文献格式的控制，不适用于natbib。通过bibtex或biber排版参考文献的流程分别如图6.10和图6.11所示。

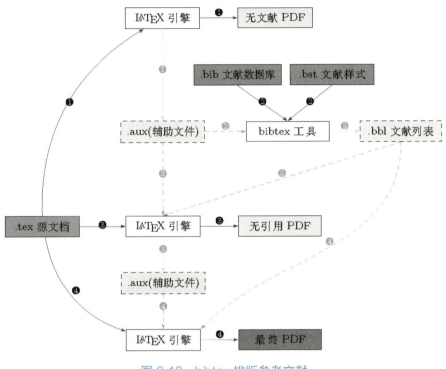

图 6.10 bibtex 排版参考文献

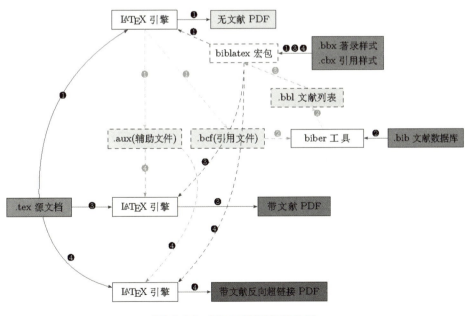

图 6.11 biber 排版参考文献

经过bibtex或者biber对.bib文件进行预处理，生成了一个LaTeX能识别的文献数据辅助文件.bbl，为了在文档中引用，LaTeX提供的最原始的引用命令是cite，为了扩展引用功能，生成具有丰富样式的参考文献列表，还需使用一些文献引用的宏包，biblatex和natbib就是其中最常用的两个。如果使用后者，.bib文件需要用bibtex处理，如果使用biblatex宏包，则既可以用biber处理，也可以用bibtex处理，如果两个宏包都不采用，就只能采用bibtex处理。下面就分三种情况说明如何在文档正文中引用参考文献并输出。

1. 不使用文献支持宏包时文献的引用

文献编译流程如图6.10所示，可以发现，运行bibtex工具时，既需要.bib文献数据库，也需要.bst文献样式文件，这两个文件均需要在文档中指定，指定方法为

```
\bibliographystyle{样式文件 .bst}
\bibliography{文献数据库 .bib}
```

样式文件在安装TeXlive软件时系统已经内嵌了很多，一般在\texlive\2022\texmf-dist\bibtex\bst这个路径下，近四百个，例如我们最常用的是《信息与文献　参考文献著录规则》（GB/T7714—2015）规定的参考文献格式推荐标准，该宏包兼容natbib宏包。国内的绝大部分学术期刊、学位论文都使用了基于该标准的格式。对应的样式文件有两个，分别是gbt7714-numerical或gbt7714-author-year，但是使用该样式，必须在导言区引用gbt7714宏包，否则会报错。

TeX中默认有一些参考文献格式，使用这些样式是不需要引用额外宏包的，如表6.10所示。

表 6.10　TEX 自带文献样式

样式名称	说明
plain	按字母的顺序排列，比较次序为作者、年度和标题
unsrt	样式同 plain，只是按照引用的先后排序
alpha	用作者名首字母 + 年份后两位作标号，以字母顺序排序
abbrv	类似 plain，将月份全拼改为缩写，更显紧凑
ieeetr	国际电气电子工程师协会期刊样式
acm	美国计算机学会期刊样式
siam	美国工业和应用数学学会期刊样式
apalike	美国心理学学会期刊样式

2. 使用 biblatex 宏包引用参考文献

biblatex是一个宏包，能丰富文献引用内容，简化文献引用的操作，同样需要bibtex或biber的支持。biblatex除引用文献编号外，还可引用标题、URL或者其他需要引用的文献信息，因为使用该宏包后生的bbl文件区别于直接用bibtex生成的bbl文件，基本上包含了文献的全部信息。biblatex出现较晚，功能更丰富，可以使用文献提取与排序功能更强的biber程序，充分利用biber支持Unicode、支持汉字排序、支持按文献标题排序等功能。biblatex最大的优点是利用宏包控制文献的风格或样式，方便修改，不需要文献样式.bst文件，可以通过编辑或修改已有的引用样式或文献样式的文件，也可以直接在文档导言区通过修改关键字方式进行样式定制。关于样式修改的高级功能此处不作赘述，此处只说明该宏包的基本使用方法。

引用biblatex宏包时直接在导言区使用命令\usepackage[选项]{biblatex}，但需要提供一些选项，包括后端处理程序、指定文献样式等，此处列几个常用的选项。

（1）backend=bibtex,bibtex8,biber这个三个文献数据库后端处理程序，缺省使用的是上文提到的biber，也可以改用bibtex，bibtex8是bibtex的升级版，支持ASCII码和8位编码如拉丁字母。部分样式仅支持biber处理，选用bibtex处理会报错。保险起见，最好选用biber。

（2）style=<样式文件名>该选项同时导入同名的文献样式.bbx和引用样式.cbx，缺省是numeric，也可改成gb7714-2015等。

（3）bibstyle=<文献列表样式>该选项单独导入文献的列表样式，缺省也是numeric。

（4）citestyle=<正文引文样式>该选项单独导入正文中引用文献时的样式，缺省也是numeric。

（5）natbib=<true or false>缺省是false，加载natbib宏包的兼容模块，该模块定义了一些引用命令的别名，如\citet、\citep、\citeauthor等。

另外还需在导言区指定参考文献数据库，\addbibresource[location=nlocal]{reference.bib}，文献数据库的文件名可以修改。在正文需要参考文献列表的地方使用命令\printbibliography，可以在文档中多次引用，一般位于文档的最后。

引用biblatex宏包实现参考文献引用的文档基本结构为

```
\documentclass{ ...}
\usepackage[...]{biblatex}
\addbibresource{bibfile.bib}
\begin{document}
\cite{ ...}
...
\printbibliography
\end{document}
```

文档编译需要经过三步：

（1）第一次编译.tex文件，如果文档中包含文献引用信息，biblatex将提取文献引用信息到.bcf辅助文件里，为后续biber程序使用；

（2）基于第一次编译生成的.bcf文件，biber从.bib文件里提取引用文献数据到.bbl的辅助文件里，为下一步biblatex宏包处理作准备；

（3）再一次编译.tex文件，biblatex从.bcf文件里读数据，打印文件列表和正文中的引文信息。

使用biblatex宏包可以很方便地控制文献列表的输出，如按章节在每章后分列参考文献，或是按书籍、文章等类别过滤列出文献列表等，详细可参照该宏包的说明文档。

6.8 常用宏包

LaTeX 中常用的宏包可以分为几个大类：整体环境设置、图形类、表格类、公式类等，常用宏包名称和功能分列在表6.11中。

表 6.11 常用宏包及功能说明

类别	宏包名称	功能	维护团体或个人
页面格式	CTeX	面向中文排版的通用 LaTeX排版框架，ctexart.cls, ctexrep.cls, texbook.cls, ctexbeamer.cls, ctex.sty, ctexsize.sty, ctexheading.sty	CTeX 社区
	geometry	页面设置	Hideo Umeki
	layout	提供了 \layout 命令，给出当前页面的各参数值，并生成示意图	Kent McPherson
	fancyhdr	设置页眉、页脚	Pieter van Oostrum
	afterpage	\afterpage{命令}，在当前页结束后才执行括号里的指令，如 \clearpage 等	David Carlisle
	multicol	在一页上使用单栏和多栏版式	Frank Mittelbach
	titlesec	设置标题样式，与其配套的还有 titleps, titletoc	Javier Bezos

续表

类别	宏包名称	功能	维护团体或个人
字体	xeCJK	排版中日韩文字，需通过 fontspec 宏包调用系统字体	CTeX.org 刘海洋，李清
	fontspec	为 XeLaTeX 和 LuaLaTeX 设置系统字体	WILL ROBERTSON
插图	graphicx	插图必备宏包，提供了对 EPS、PS、PDF、TIFF、JPEG 等图形格式的支持	D. P. Carlisle, S. P. Q. Rahtz
	subfigure	子图排版	Steven Douglas Cochran
	wrapfig2	文绕图，也能实现文绕表或文本框	Claudio Beccari
	caption	设置图题、表题	Axel Sommerfeldt
	bicaption	设置双语图题或表题	Axel Sommerfeldt
	sidecap	浮动图形或表格旁边图题或表题设置	Rolf Niepraschk, Hubert GäSSlein
表格	array	增强了 tabular 环境的功能	Frank Mittelbach, David Carlisle
	longtable	跨页表格排版	David Carlisle
	tabularx	表格环境 tabular*、tabularx，可以设定表格的宽度	David Carlisle
	dcolumn	对齐表格中的小数点	David Carlisle
	multirow	跨行合并单元格	Pieter van Oostrum, Øystein Bache, Jerry Leichter
	makecell	表格单元格设置	Olga Lapko
	diagbox	制做斜线表头 \diagbox{参数 1}{参数 2}	刘海洋
	booktabs	制作三线表	Simon Fear, Meyrin
数理化	amsmath	数学公式排版	Frank Mittelbach, Rainer Schĺopf, et. al
	ppchtex	排版化学符号和公式，依赖于 ConText	
	harpoon	文本上或下方加半箭头线	Tobias Kuipers

续表

类别	宏包名称	功能	维护团体或个人
文献	biblatex	排版参考文献	Philip Kime, Moritz Wemheuer
	natbib	排版参考文献，作者年代格式及数字格式	Patrick W. Daly
	gbt7714	按国标样式排版参考文献，兼容 natbib	Zeping Lee
	gloss	bibtex 创建文档尾部的注释表	Jose Luis Díiaz

6.9 常用编辑器

可以实现LaTeX文档编写的软件很多，通常可以分为两类：可以实现texlive调用、编译的编辑软件，如TeXstudio、TeXworks、Emacs；通过插件来调用texlive实现编译的软件，如Vim、VScode等。texlive自带的TeXworks编辑器轻量化，虽然功能上没有残缺，但是不适合打开较大的文件，且每个窗口只能打开一个tex文档，不便于结构化文档撰写和管理，同时界面过于简陋，对初学者的使用友好程度相对较低。VSCode虽然可以用来编写tex文档，但是其本身不是为编写tex文档而开发的，需要经过一番配置才可以运行，且软件本身过于庞大臃肿。Emacs和Vim两个强大的文本编辑器，经过一番配置之后，完全可以胜任LaTeX的撰写和编译工作，但是这二者的入门学习成本相对较高。此处简要介绍三个编辑器，可根据实际情况选择使用。安装这些编辑器之前，务必先安装TeXlive系统。

6.9.1 Emacs

Emacs在网络论坛里被神一般地传诵着，据说Emacs是神的编辑器，而Vim是编辑器之神（Vim是另外一种编辑器）。当我们直接接触Emacs、开始使用它时却发现学习曲线陡峭而漫长，很多情况是在没发现它们的强大之前就放弃了。

　　Emacs其实是个Lisp的解释器，因此可以用Lisp灵活地扩展。Lisp是一种很有生命力的编程语言，在C语言发明之前，MIT的人工智能实验室编写的ITS操作系统一部分用的是汇编语言，还有一部分用的就是Lisp。现在，Lisp仍在人工智能研究领域广泛使用着。由于Emacs的可扩展性，它不再限于写程序、写文档，而且在Emacs里可以管理文件系统、运行终端、收邮件、上网、听音乐……，有人为此写了《生活在Emacs中》，使Emacs更是成为一种信仰。

　　下面简要介绍如何利用Emacs编译.tex文档，这里重点介绍Emacs org mode，输入的原文件是.org文件，.tex是导出文件，通过输入.org文件编译生成.pdf文件。org-mode是Emacs处理文档的一种编辑模式，在Emacs编辑器里，使用M-x org-mode(Alt+x然后输入org-mode)切换到org-mode，或者用Emacs打开后缀名为org的文件时会自动进入org模式，此时便可以在Emacs编辑器里使用org-mode所特有的编辑功能了，如做笔记以及制作各种待办事项（GTD，就是Getting Things Done的缩写，翻译过来就是"把事情做完"，是一种管理时间的方法）等。其语法类似于Markdown但是提供了比Markdown更多的操作，再加上Emacs强大的编辑功能，能给笔记增加很多动态的操作（能纯文本上实现折叠、展开、树状视图、表格求和、求代码运行结果等功能），可以说org-mode是最强大的标记语言。需要注意的是，要使用org-mode，首先判断你的Emacs是否已成功安装org-mode，当打开.org文件后，看Emacs的模式栏上是否有Org字样，如果有的话，就表示Emacs已经有org-mode了。Emacs最新版本自带org-mode，这就意味着只要打开一个后缀名为org的文件就会自动进入org-mode。因此我们只需要下载安装最新版的Emacs即可[①]。

　　emacs 启动后的界面很简洁，如图6.12所示。

[①] https://www.gnu.org/software/emacs/

图 6.12 emacs 启动界面

为了能使emacs能利用tex引擎编译生成pdf文档，也需要做一些设置。emacs的配置文件为.emacs，这是一个特殊文件，只有扩展名，没有文件名，在windows平台是不允许生成点文件的（Win10平台支持点文件），解决办法是点击emacs的options菜单，随便设置几项，然后选择Save Options，然后在状态栏会显示配置文件保存位置及文件，`Wrote c:/Users/Administrator/AppData/Roaming/.emacs`。AppData是个隐藏目录，需要在文件浏览器的查看菜单里勾选隐藏的项目才能看到。如果只是希望emacs能将.org文件利用T_EX引擎导出成pdf文件，只需要在.emacs文件里增加以下设置即可。

```
(setq  org-latex-pdf-process
'("xelatex -shell-escape -interaction nonstopmode -output-directory %o %f" bibtex %b"
"xelatex -shell-escape -interaction nonstopmode -output-directory %o %f"
```

```
"xelatex -shell-escape -interaction  nonstopmode -output-
directory %o %f") )
```

用 emacs 编写一个.org 文件，编写的内容为

```
#+title:  最简单的org文档
#+author:  作者


#+LaTeX_CLASS:  article
#+LATEX_HEADER:  \usepackage{xeCJK}
#+LATEX_HEADER:  \setCJKmainfont{NSimSun}


*  一级标题
**  一级标题
正文内容，此处引用文献\cite{en1}。
\bibliographystyle{unsrt}
\bibliography{reference}
```

文档录入完毕后，按快捷键 Ctrl + c Ctrl + e，弹出对话框，询问输出选项，依次选择 [l] Export to LATEX, [p] As PDF file，即可按.emacs 设置的顺序依次编译输出 pdf 文件，如图6.13所示。

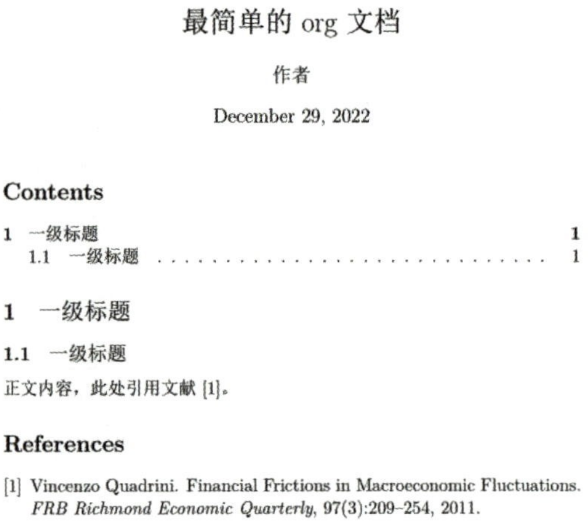

最简单的 org 文档

作者

December 29, 2022

Contents

1 一级标题 1
1.1 一级标题 1

1 一级标题

1.1 一级标题

正文内容，此处引用文献 [1]。

References

[1] Vincenzo Quadrini. Financial Frictions in Macroeconomic Fluctuations. *FRB Richmond Economic Quarterly*, 97(3):209–254, 2011.

图 6.13 最简单的 org 文档输出 pdf 文件

如果编译输出的文档里有乱码，说明原文件存储的编码不是utf-8，所以最好在org文件里首行增加一行，`# _*_ coding: utf_8 _*_`，明确文档的存储编码。

在以上的 org 文档示例里，使用#+LaTeX_CLASS:加载文档类，缺省只能加载 article,book 和 report，局限性很大。利用#+LATEX_HEADER:加载相应宏包或进行文档设置，不进入主文档，相当于.tex 文档导言区的内容均可通过该方式加载，此处设置了中文默认字体。更多时候我们希望使用成熟的文档类格式化文档。但不能直接改用新的文档类，因为在 emacs 配置文件没有设置，不识别改用的新文档类。可在.emacs 文件里增加以下内容：

```
(with-eval-after-load ' ox-latex
    (add-to-list ' org-latex-classes
        ' ("elegantbook"
        "\\documentclass{elegantbook}"
        ("\\chapter{%s}" . "\\chapter*{%s}")
        ("\\section{%s}" . "\\section*{%s}")
        ("\\subsection{%s}" . "\\subsection*{%s}")
        ("\\subsubsection{%s}" . "\\subsubsection*{%s}")))
    (add-to-list ' org-latex-classes
        ' ("yanputhesis"
        "\\documentclass{yanputhesis}
        [NO-DEFAULT-PACKAGES]"
        ("\\chapter{%s}" . "\\chapter*{%s}")
        ("\\section{%s}" . "\\section*{%s}")
        ("\\subsection{%s}" . "\\subsection*{%s}")
        ("\\subsubsection{%s}" . "\\subsubsection*{%s}"))))
```

这样我们就可以使用增加的 elegantbook 文档类和 6.10 一节提到的 yanputhesis 文档类了。使用新的文档类，有时候需要设置针对文档类的选项，如

可用 #+LATEX_CLASS_OPTIONS:[bibtex] 设置 elegantbook 文档类的后端参考文献处理程序为 bibtex。如果要增加其他模板，只要按上述方式，模块化增加即可，同时可设置文档大纲层级，如果不需要章，可删除那一行。

（1）Emacs 基本操作符。C-x 表示按 Ctrl+x，M-x 表示 Alt+x，S-x 代表 Shift+x。

（2）用大纲组织内容。在编辑文档，尤其是大型文档的时候，对内容的组织就显得尤为重要。Org-mode 天然支持大纲视图，通过在文档中定义标题，可以方便地浏览每个小节，从而把握文档的总体内容。org-mode用"*"标识章节，一个"*"代表一级标题，两个"*"代表两级标题，以此类推，最多可支持10级标题。注意星号后面有空格，不同层级标题的颜色是不一样的。按Alt加左右方向键能够升降标题的层级。

（3）轻量级标记语言。相对于重量级标记语言（如html、xml等），轻量级标记语言的语法简单，书写容易。即使不经过渲染，也可以很容易阅读。用途越来越广泛。比如，gitHub的README文档除了支持纯文本外，还支持丰富的轻量级标记语言，其中就包括Org。Org现在已经成为一种专门的轻量级标记语言，与Markdown、reStructuredText、Textile、RDoc、MediaWiki等并列。

（4）字体标记。两星号（*）之间的字被加粗**bold**，两斜杠（/）之间的字为斜体*italic*，两加号（+）之间的字加~~删除线~~，两下划线之间的字被加下划线，两等号（=）或两波浪号（~）之间的字为等宽字`git`，下标用下划线（_）表示，上标用(^)表示。

（5）表格。Org能够很容易地处理ASCII文本表格。任何以 '|' 为首个非空字符的行都会被认为是表格的一部分。'|' 也是列分隔符。使用 'C-c 竖线'可以轻易地生成所需维数的表格，使用快捷键 'C-c 竖线'后系统下方会提示你输入表格的列数与行数（Columns x Rows），然后就会生成所需表格，在相应的位置填写内容即可，随着内容的录入竖线开始错位，此时只要

使用快捷键'C-c C-c'即可实现快速对齐。

表格行列的编辑也非常简单，常用的快捷键如表6.12所示。

表 6.12 org 表格编辑常用快捷键及说明

快捷键	说明
M-LEFT/RIGHT	左右移动列
M-UP/DOWN	上下移动行
M-S-LEFT/RIGHT	左右删除/插入列
M-S-UP/DOWN	上下删除/插入行
C-c -	添加水平分割线
C-c RET	添加水平分割线并跳到下一行
C-c ^	根据当前列排序，可以选择排序方式

（6）列表 Org 能够识别有序列表、无序列表和描述列表。

- 无序列表项以"-""+"或者"*"开头。
- 有序列表项以"1."或者"1)"开头。
- 描述列表用"::"将项和描述分开。

有序列表和无序列表都以缩进表示层级。只要对齐缩进，不管是换行还是分块都认为是处于当前列表项。

同一列表中的项的第一行必须缩进相同程度。当下一行的缩进与列表项的开头的符号或者数字相同或者更小时，这一项就结束了。当所有的项都关闭时，或者后面有两个空行时，列表就结束了。

org-mode 也支持很多列表操作的快捷键，大部分都与大纲的快捷键类似，如表6.13所示。

表 6.13 列表常用快捷键

快捷键	说明
TAB	折叠列表项
M-RET	插入项
M-S-RET	插入带复选框的项
M-S-UP/DOWN	移动列表项

续表

快捷键	说明
M-LEFT/RIGHT	升/降级列表项，不包括子项
M-S-LEFT/RIGTH	升/降级列表项，包括子项
C-c C-c	改变复选框状态
C-c -	更换列表标记（循环切换）

6.9.2 Texstudio

TeXstudio是一款跨平台（Windows、Mac、Linux）的免费软件，用来编辑LaTeX文档。TeXstudio软件针对LaTeX设计了众多的快捷按键和便利的功能。例如：文件结构视图、代码补全和折叠、语法高亮和语法检查、行内实时预览和代码块、内置浏览等。TeXstudio对初学者入门LaTeX完全够用，而且学习的门槛相对较低。对于非常熟悉LaTeX的用户，可以在TeXstudio软件内进行自定义宏，提高编写效率。TeXstudio软件的下载请参照6.1一节。软件安装完成之后，用户需要做一些设置工作。设置窗口在打开TeXstudio软件后，从菜单Options（选项）下选择Configure TeXstudio（设置TeXstudio），打开设置窗口，如图6.14所示。

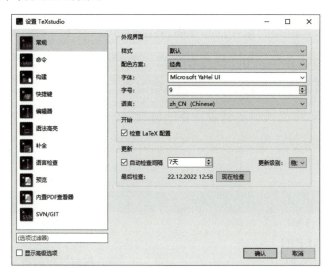

图 6.14　TeXStudio 设置窗口

能够设置的选项包括general（常规）、**commands**（命令）、**build**（构建）等，逐项打开、按需设置即可。在常规选项里可选择用户界面的语言，显示字体等。影响程序运行的是命令设置和构建设置。在命令设置选项里，基本上按照缺省设置即可，有些宏包如程序代码高亮的minted宏包要求在-shell-escape条件下编译，只要在原有编译命令上增加该选项即可。常用的编译命令有LaTeX、PdfLaTeX、XeLaTeX，在用到的原有编译命令上修改，如

```
xelatex.exe -shell-escape -synctex=1 -interaction=nonstopmode %.tex
```

在构建选项里设置默认编译器，从下拉菜单里选择常用的编译器，对于中英文混合文档而言，建议选择XeLaTeX。安装好TeXlive系统和TeXstudio，并对TeXstudio作了以上两步设置，即可编辑tex文档了。文档的新建保存跟其他类似软件差不多，其用户界面如图6.15所示。此处只讲三个方面的内容。

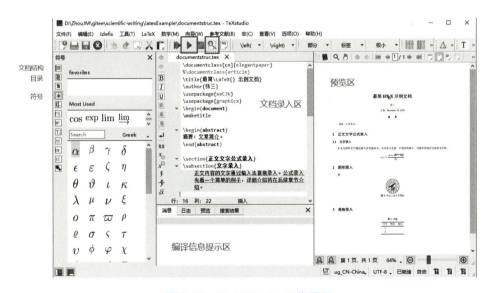

图 6.15　TeXStudio 工作界面

1.用户菜单栏上的运行查看按钮

绿色三角形状的按钮为编译按钮，在文档录入后，按此按钮开始编译文档，使用的编译器为刚才设置好的缺省编译器。也可以从菜单工具→命令里按需选择适合的编译器。编译完后，点击菜单栏上的放大镜按钮，在右侧会打开预览窗口，查看文档的排版结果。

2.侧栏对话框

如果软件运行后未显示侧栏对话框，可在菜单查看→显示里打开。在侧栏对话框上有许多页面可进行切换，常用的有三个，分别是文档结构、目录和符号。文档结构显示当前文档的大纲级别，如果有子文档，也会显示其结构，目录与文档结构有类似功能，显示的是当前打开文档的目录级别。符号可按类显示或全部显示不同符号，直接点击即可输入对应符号的 $\LaTeX$ 代码，减少了表6.2所示符号的记忆难度，甚至不需要记忆，可按公式编辑器的使用方法录入公式。

3. 编译信息提示区

文档编译过程中可能会报错，为快速定位错误来源，主要查看编译信息提示区的信息，可以筛选错误或警告信息，实现快速定位，点击错误提示，可直接定位到错误的位置。

6.9.3　Visual Studio Code

Visual Studio Code（简称**VSCode**）是微软出的一款轻量级代码编辑器，免费、开源而且功能强大。它支持几乎所有主流的程序语言的语法高亮、智能代码补全、自定义快捷键、括号匹配、代码片段、代码对比 **Diff**、**GIT** 等特性，支持插件扩展，并针对网页开发和云端应用开发做了优化。**VSCode** 的安装非常简单，从官网[①]下载原文件，点击安装，按提示进行安装即可。

[①] https://code.visualstudio.com/

初次安装完毕，缺省界面是英文，颜色主题是深色的，可以进行切换。使用快捷键Ctrl+Shift+P打开Show and Run Commands检索栏，或者通过View菜单下的Command Pallete，同样可打开Show and Run Commands检索栏，在里面输入configure language，检索到两条结果，选择第一条，Configure Display Language，系统提示Select Display Language，出现下拉列表，列出了中文简体、日语、西班牙语、英语等十余种语言可供选择，选择中文简体即可，系统会提示重新启动VSCode软件语言切换才会生效，选择确定重启，软件界面就切换到选择的语言界面了。

颜色主题通过文件菜单→首选项→颜色主题（或者通过快捷键Ctrl+K Ctrl+T）在页面顶端打开选择颜色主题的下拉列表，按需选择，通常按缺省设置即可，但为了截图打印方便，选择浅色高对比度主题，系统启动界面如图6.16所示。

图 6.16　VSCode 启动界面

接下来安装 LaTeX Workshop 扩展，点击启动页面左侧边栏工具条从上数第五个按钮，或者按快捷键 **Ctrl+Shift+X**，在侧边栏工具条右侧打开扩展商店，在检索框输入 latex workshop，可能检索到多条记录，选择开发者为 James Yu 的那条记录，点击安装即可。安装完毕后，用 VSCode 打开 .tex 文件时会在原左侧边栏工具条扩展按钮下方多了一个 TeX 扩展按钮，点击该按钮会在打开文档的左侧、侧边工具栏右侧打开 LaTeX 工具对话框，如图 6.17 所示。LaTeX 工具对话框包括三部分：COMMANDS、STRUCTURE 和 SNIPPETVIEW。COMMANDS 包括了编译文档、预览文档等命令，STRUCTRE 是打开文档的大纲结构，可以选择其中一部分进行快速跳转，SNIPPETVIEW 是辅助输入公式符号的快捷按钮，点击相应的符号即可录入对应的符号代码，类似公式编辑器。

图 6.17　TeX 扩展和 Latex 工具对话框

此处重点讨论一下 COMMANDS，此模块是保证文档能正常编译的关键。点击绿色播放按钮旁的 ">" 符号，可以展开 Build LaTeX project，显示出其下包含的所有编译命令，如图6.18所示。这些编译命令是通过配置 recipe 来实现的，依次点击文件→首选项→设置，打开设置窗口，在检索栏输入 latex tools，可检索到两条记录，如图6.19所示。

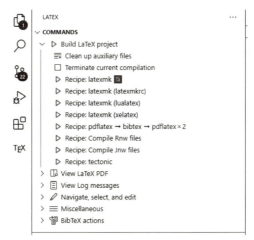

图 6.18　LaTeX 命令

图 6.19　设置 Latex tools 和 recipes

在 Latex: Tools 下方，在 settings.json 中编辑，点击后弹出设置对话框，这是缺省的配置文件格式。

完整的配置为

```
{
"editor.wordWrap" : "on" ,
"latex-workshop.latex.recipes" : [

 {
    "name" : "latexmk" ,
    "tools" : [
       "latexmk"
    ]
 },
 {
    "name" : "latexmk (latexmkrc)" ,
    "tools" : [
       "latexmk_rconly"
    ]
 },
 {
    "name" : "latexmk (lualatex)" ,
    "tools" : [
       "lualatexmk"
    ]
 },
 {
    "name" : "latexmk (xelatex)" ,
    "tools" : [
```

```
            "xelatexmk"
        ]
    },
    {
        "name" : "pdflatex → bibtex → pdflatexx2" ,
        "tools" :    [
            "pdflatex" ,
            "bibtex" ,
            "pdflatex" ,
            "pdflatex"
        ]
    },
    {
        "name" : "Compile   Rnw   files" ,
        "tools" :    [
            "rnw2tex" ,
            "latexmk"
        ]
    },
    {
        "name" : "Compile   Jnw   files" ,
        "tools" :    [
            "jnw2tex" ,
            "latexmk"
        ]
    },
```

```
{
    "name" : "tectonic" ,
    "tools" : [
    "tectonic"
    ]
},
{
"latex-workshop.latex.tools": [
    {
    "name" : "latexmk" ,
    "command" : "latexmk" ,
    "args" : [
        "-synctex=1" ,
        "-interaction=nonstopmode" ,
        "-file-line-error" ,
        "-pdf" ,
        "-outdir=%OUTDIR%" ,
        "%DOC%"
    ],
    "env" : {}
    },
    {
    "name" : "lualatexmk" ,
    "command" : "latexmk" ,
    "args" : [
        "-synctex=1" ,
```

```
            "-interaction=nonstopmode" "-file-line-error" ,
            "-lualatex" ,
            "-outdir=%OUTDIR%" ,
            "%DOC%"
        ],
        "env" : {}
    },
    {
        "name" : "xelatexmk" ,
        "command" : "latexmk" ,
        "args" : [
            "-synctex=1" ,
            "-interaction=nonstopmode"
            "-file-line-error" ,
            "-xelatex" ,
            "-outdir=%OUTDIR%" ,
            "%DOC%"
        ],
        "env" : {}
    },
    {
        "name" : "latexmk_rconly" ,
        "command" : "latexmk" ,
        "args" : [
            "%DOC%"
        ],
```

```
        "env" : {}
    },
    {
        "name" : "pdflatex" ,
        "command" : "pdflatex" , "args" :    [
            "-synctex=1" ,
            "-interaction=nonstopmode" "-file-line-error" ,
            "%DOC%"
        ],
    "env" :  {}
    },
    {
        "name" : "bibtex" ,
        "command" : "bibtex" ,
        "args" :   [
            "%DOCFILE%"
        ],
    "env" : {}
    },
    {
        "name" :  "rnw2tex" ,
        "command" :  "Rscript" ,
        "args" :    [
            "-e" ,
            "knitr::opts_knit$set(concordance  =   TRUE);
knitr::knit
```

```
            ( ' %DOCFILE_EXT% ' )"
        ],
        "env" : {}
    },
    {
        "name" : "jnw2tex" ,
        "command" : "julia" ,
        "args" :   [
            "-e" ,
            "using  Weave;  weave(\"%DOC_EXT%\",
doctype=\"tex\")"
        ],
        "env" : {}
    },
    {
        "name" : "jnw2texmintex" ,
        "command" : "julia" ,
        "args" :   [
            "-e" ,
            "using  Weave;  weave(\"%DOC_EXT%\",
doctype=\"texminted\")"
        ],
        "env" : {}
    },
    {
        "name" : "tectonic" ,
```

```
    "command" : "tectonic" ,
    "args" : [
        "--synctex" ,
        "--keep-logs" ,
        "%DOC%.tex"
    ],
    "env" : {}
    }
    ],
    "workbench.colorTheme": "Default High Contrast Light"
}
```

编译命令优先推荐latexmk，L^{A}T$_E$X要生成最终的PDF文档，如果含有交叉引用、BibTeX、术语表等等，通常需要多次编译才行，使用latexmk则只需运行一次，它会自动帮你做好其他所有事情。如果不习惯自动编译，也可以设置单独的tools和对应的recipe。文档顶端的编译按钮缺省是按照左侧编译工具里的第一个recipe编译的，可以通过设置上述文件更改recipes的顺序和内容。事实上，目前普遍使用xelatex编译，参考文献使用biber或bibtex，由于上面的配置文件过于庞大，我们可以将其备份后，做一个精简版。

```
{
    "editor.wordWrap" : "on" ,
    "latex-workshop.latex.recipes" : [

        {
            "name" : "xelatex" ,
            "tools" : [
                "xelatex"
```

```
            ]
    },
    {
        "name" :   "bibtex" ,
        "tools" :    [
            "bibtex"
        ]
    },
    {
        "name" :   "biber" ,
        "tools" :    [
            "biber"
        ]
    },
    {
        "name" :   "xelatex → bibtex → xelatexx2" ,
        "tools" :    [
            "xelatex" ,
            "bibtex" ,
            "xelatex" ,
            "xelatex"
        ]
    },
    {
        "name" :   "xelatex → biber → xelatexx2",
        "tools" :    [
```

```
                "xelatex",
                "biber",
                "xelatex",
                "xelatex"
            ]
        },
        {
            "name" : "pdflatex → bibtex → pdflatexx2",
            "tools" : [
                "pdflatex",
                "bibtex",
                "pdflatex",
                "pdflatex"
            ]
        },
    ],
    "latex-workshop.latex.tools": [
        {
            "name" : "xelatex",
            "command" : "xelatex",
            "args" : [
                "-synctex=1",
                "-interaction=nonstopmode",
                "-file-line-error",
                "-pdf",
                "-outdir=%OUTDIR%",
```

```
            "%DOC%"
        ],
        "env" : {}
    },
    {
        "name" : "pdflatex",
        "command" : "pdflatex",
        "args" : [
            "-synctex=1",
            "-interaction=nonstopmode",
            "-file-line-error",
            "%DOC%"
        ],
        "env" : {}
    },
    {
        "name" : "bibtex",
        "command" : "bibtex",
        "args" : [
            "%DOCFILE%"
        ],
        "env" : {}
    },
    {
        "name" : "biber",
        "command" : "biber",
```

```
        "args" :    [
            "%DOCFILE%"
        ],
        "env" :    {}
        }
    ],
    "workbench.colorTheme": "Default High Contrast Light"
}
```

对应的 LaTeX 命令如图6.20所示。

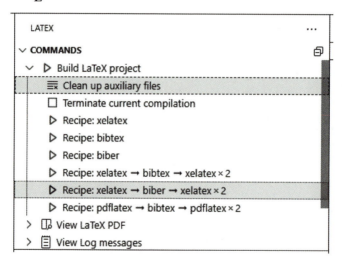

图 6.20 精简 LaTeX 命令

- Recipe: xelatex 单独 xelatex 编译命令，只用 xelatex 命令编译文档一次。
- Recipe: bibtex 用 bibtex 处理文献数据库。
- Recipe: biber 用 biber 处理文献数据库。
- Recipe: xelatex→bibtex→xelatex 2 这是一条复合编译命令，用 xelatex 编译一次，再用 bibtex 编译文献数据库，再用 xelatex 编译两次，最终生成 pdf 文件。

- Recipe: xelatex→biber→xelatex 2 与上一条命令基本一样，只是中间用biber编译文献数据库，当编译文档使用biblatex宏包时使用。
- Recipe: pdflatex→biber→pdflatex 2 也是一条复合编译命令，区别在于使用pdflatex编译文档。

至此就可以用VSCode编译.tex文件了。文档编译完毕后，点击LaTeX命令窗口里的View LaTeX PDF，即可打开pdf预览窗口，预览编译的效果。

6.10 LaTeX 论文模板

LaTeX模板中包含了.tex、.cls、.bib、.bst等文件。.tex文件为LaTeX的源文件，.cls文件是LaTeX的样式文件，.bib文件是参考文件数据库，.bst文件是bibtex处理参考文献后生成的文件格式，即定义参考文献的排版效果。此处以西北工业大学论文模板为例说明如何使用论文模板排版学位论文。Yet Another NPU Thesis Template是按照2022年西北工业大学研究生院编写的西北工业大学研究生学位论文写作指南[①]要求编写的LaTeX文档类模板，论文模板在github[②]上发布。通过使用yanputhesis文档类来完成学位论文，也可直接在发布示例文件的基础上，修改章节标题，撰写内容，即可完成学位论文撰写。

6.10.1 使用说明

（1）下载论文模板项目的zip包到本地。

（2）确保TeX版本为不低于TeXlive2021版本。

（3）直接对yanputhesis-sample.tex文件进行修改，对应的摘要、章节内容、附录文件均已经默认生成，在此基础上加以修改即可。

---

① https://gs.nwpu.edu.cn/info/2284/15346.htm
② https://github.com/NWPUMetaphysicsOffice/Yet-Another-LaTeX-Template-for-NPU-Thesis

（4）如有必要，可以仿照yanputhesis-sample.tex的文件格式，在导言区使用\documentclass[lang=chs,degree=phd,blindreview=false,adobe=false]{yanputhesis}来直接设置文档格式。

（5）如有必要，修改makefile文件的MAIN选项为自己tex文档的文件名。

6.10.2 基本信息录入

```
%%==========================================================%%  基本信息录入
%%- - - - - - - - - - - - - - - - - - - - - - - - - - - -
\title{基于 LaTeX 排版的 \\ 西北工业大学论文模板}{% 中英文标题
    Yet Another Thesis Template of \\ Northwestern Polytechnic University
} % 请自行断行
\author{\blindreview{张三丰}}{\blindreview{Sanfeng Zhang}}% 姓名（添加盲评标记
\date{2022 年 6 月}{Jun 2022}% 答辩日期
\school{数学与统计学院}{School of Mathematics and Statistics}% 学院 % 专业 博士请使用 Philosophy in XXXX，硕士只写 XXXX 即可
\major{数学}{Philosophy in Mathematics} % 专业
\advisor{\blindreview{李四海}}{\blindreview{Sihai Li}}% 导师（添加盲评标记）
\studentnumber{2016123456}% 学号
\funding{本研究得到玄学基金（编号 23336666）资助.}{% 基金资助
    The present work is supported by Funding of Metaphysics % (Project No：23336666).}%
%%==========================================================
```

6.10.3　模板使用注意事项

本模板默认为博士学位论文，并且兼容硕士学位论文，硕士如需使用，请使用编辑器搜索degree=phd标志，并修改phd为master即可。目前不兼容本科毕业设计论文，本科毕业设计论文推荐直接使用polossk/L^{A}T$_E$X-Template-For-NPU-Thesis模板[①]，该模板的格式控制均集成在setting.tex文件当中，更适合初学者使用。

本模板使用的是Windows系统的自带字体（宋体、黑体、楷体、仿宋、Times New Roman、Consolas），Windows环境下目前能保证字体的指向正确。本模板目前兼容Linux与macOS用户。在编译的时候添加-shell-escape选项，以保证模板正确识别操作系统。Linux用户请检查自己的字体库中是否有上述字体，推荐从Windows系统上拷贝一整套字体（宋、黑、楷、仿宋）以方便后续使用。macOS用户使用系统自带的宋、黑、楷、仿宋字体（华文字体系列），对应的字体名分别是：STSongti-SC-Regular、STHeiti、STKaiti、STFangSong。非Windows操作系统的用户（包括macOS与Linux用户）需要安装Consolas字体后使用，字体文件存放于模板文件中的fonts/文件夹中。也可以参照6.3一节，直接修改论文模板文件中对应的字体设置一节，按需设置自己想要的字体。

字体大小（size）的控制命令统一前缀为s，如\sChuhao、\sSihao等，字号设置命令及对应字号与行距如表6.14所示。字体命令常用的有四个，\Song、\fHei、\fKai、\fFang、\fEng分别对应宋体、黑体、楷体、仿宋和英文，字体大小和字体的设置方法参照6.3一节。

---

① https://github.com/polossk/LaTeX-Template-For-NPU-Thesis

表 6.14 yanputhesis 文档类中字号设置

字号命令	字号	行距
\sChuhao	初号	1.5
\sYihao	一号	1.4
\sErhao	二号	1.25
\sXiaoer	小二	单倍
\sSanhao	三号	1.5
\sXiaosan	小三	1.5
\sSihao	四号	1.5
\sHgXiaosi	半小四	1.5
\sLgXiaosi	半小四	约 1
\sXiaosi	小四	1.2
\sLargeWuhao	大五	单倍
\sWuhao	五号	单倍
\sXiaowu	小五	单倍
\sDefault	小四	1.67

以下命令或环境按照实际论文中出现顺序排序：

1. 封皮页及标题页

```
\maketitle
```

2. 中文摘要及关键字

```
\begin{abstract}
中文摘要正文
\begin{keywords}
关键词 \sep 用 \sep 分隔
\end{keywords}
\end{abstract}
```

3. 英文摘要及关键字

```
\begin{engabstract}
英文摘要正文
```

```
\begin{engkeywords}
```

英文关键词 \ensep 用 \ensep 分隔

```
\end{engkeywords}
\end{engabstract}
```

4. 参考文献

```
\bibliography{reference}
```

5. 附录

```
\appendix
\chapter{附录标题}
```

附录正文

6. 致谢

```
\begin{acknowledgements}
```

致谢正文

```
\end{acknowledgements}
```

7. 发表的学术论文和参加科研情况

```
\begin{accomplishments}
```

取得成果列表

```
\end{accomplishments}
```

8. 原创性声明

```
\makestatement
```

我们也可以使用 Emacs 编辑器，基于 yanputhesis 文档类编写论文，充分发挥 Emacs org mode 对长文档的高效控制，Emacs org 文档模板[①] 的头部配置为

```
#+LaTeX_CLASS: yanputhesis
#+LATEX_CLASS_OPTIONS:   [lang=chs,degree=master,bli
```

---

① 模板文件的下载地址 https://gitee.com/zhou-jiming/thesis-writing-and-layout

```
ndreview=false, winfonts=true]
#+OPTIONS: toc:nil date:nil title:nil
#+latex_header: \usepackage{amsmath,metalogo,blindtext}
#+latex_header: \usepackage[binary-units=true]{siunitx}
# +latex_header: \usepackage[backend=bibtex,style=gb7714-2015]{biblatex}
# +latex_header: \addbibresource{ref}
# +latex_header: \addbibresource{reference}
# 论文基本信息
#+LaTeX_HEADER: \title{论文中文标题}{论文英文标题}
#+LaTeX_HEADER: \date{2023年}{2023}
#+latex_header: \author{\blindreview{张三丰}}{\blindreview{Zhang Sanfeng}}
#+latex_header: \school{机电学院}{School of Mechanical Engineering}
#+latex_header: \major{机械制造}{Mechanical Manufacturing}
#+latex_header: \advisor{\blindreview{周计明}}{\blindreview{Zhou Jiming}}
#+latex_header: \studentnumber{20000000}
#+latex_header: \funding{基金资助信息（中文）。}{基金资助信息（英文）.}
```

如果要在 org 文档里使用 LaTeX 原代码,可以将代码置于 #+BEGIN_EXPORT latex 和 #+END_EXPORT 之间。

第7章　基于字处理软件的论文排版

　　Word是微软巨头最先推出的系统式办公软件Microsoft Office的基本部件之一，主要用于文字录入与排版。Microsoft Office是收费的，不同版本的价格都有差异。WPS（全名Word Processing System）是中国金山软件公司出品的办公软件，WPS个人版对个人用户永久免费，包含WPS文字、WPS表格、WPS演示三大功能模块，可以兼容微软的文件格式。可以直接保存和打开Microsoft Word、Excel和Power Point文件，也可以用Microsoft Office轻松编辑WPS系列文档。WPS使用起来更加符合中国人的使用习惯。

　　就软件功能而言，Office可能更强大些，WPS出品以来一直都是"模仿"微软Office功能架构，几乎Office的所有功能在WPS里面都是一样的操作。菜单位置几乎也是一样的，当然这也有好处，如果你会使用WPS的话，微软Office操作也完全没有问题，这话反过来也成立。就使用体验上来看，作者以前一直用Word，后来操作系统改用了Linux平台，被迫放弃微软Office（因为Linux平台没有Office套装），改用WPS。经过多年的使用经历，感觉WPS的功能不逊于Word，某些方面还优于Word。

　　Word和WPS的最大优点是容易上手，直观形象，所见即所得，拿来就会用，但要将其用好并非易事。回想一下我们是否有过这样的经历：自己电脑上排版好的文件拿到打印店打印，打印出的结果却出人意料，版面完全乱了，页面上方也不知为何多了一条怎么也去不掉的横线。其实要用好Word或是WPS，最大的秘诀是用好格式和样式，尤其是长文档更需要用好这两样东西。

Word或WPS的使用不建议一边录入、一边格式化，既费时间、又容易出错。不过这就失去Word（包括WPS）所见即所得的优势。对于短文档而言，采用不采用格式或样式、是否进行实时格式化，都不是太大的问题，问题通常出在长文档。鉴于WPS与Word的相似性，本章主要针对WPS在长文档的录入与排版中的应用进行论述，如果是Word用户，可以依据相似的方法进行类推处理。

7.1 字处理软件的排版原则

由于Word或WPS简便实用，很多人仍采用其编写论文。Word或WPS在科技论文写作方面尽管存在一些不足，但如果能充分利用其提供的强大功能也会收到事半功倍的效果。采用Word或WPS进行科技论文排版时通常需遵循以下的原则。

7.1.1 内容与形式分离

一篇论文应该包括两个层次的含义：内容与形式。前者是指文章作者用来表达自己思想的文字、图片、表格、公式及整个文章的章节段落结构等，而后者则是指论文页面大小、边距、各种字体、字号等。相同的内容可以有不同的表现形式，例如一篇文章在不同的出版社出版会有不同的表现；而不同的内容可以使用相同的表现，例如一个期刊上发表的所有文章的表现都是相同的。这两者的关系不言自明。在排版软件普及之前，作者只需关心文章的内容，文章表现则由出版社的排版工人来完成，当然他们之间会有一定交流。Word倡导一种所见即所得（WYSIWYG）的编辑方式，将编辑和排版集成在一起，使得作者在处理内容的同时就可以设置并立即看到其表现形式。可惜的是很多作者滥用WYSIWYG，将内容与表现混杂在一起，花费了大量的时间在排版上，而效率和效果都很差。

"内容与表现分离"的原则就是说作者只要关心文章的内容，所有与内容无关的排版工作都交给排版软件去完成，作者只需将自己的排版意图以适当的方式告诉排版软件即可。Word或WPS不仅仅是一个文本编辑器，还是一个排版软件，不要只拿它当记事本或写字板用。

7.1.2 尽量使用样式

Word或WPS除了原先提供的标题、正文等样式外，还可以自定义样式。对于相同排版表现的内容一定要坚持使用统一的样式。这样做能大大减少工作量和出错机会，如果要对排版格式（文档表现）做调整，只需一次性修改相关样式即可。使用样式的另一个好处是可以由Word或WPS自动生成各种目录和索引。

7.1.3 使用自动编号

标题的编号可通过设置标题样式来实现，表格和图形的编号可通过设置题注的编号来完成。在写"参见第×章、如图×所示"等字样时，不要自己敲编号，应使用交叉引用。这样做的好处是，当插入或删除新的内容时，所有的编号和引用都将自动更新，无需后续维护，并且可以自动生成图、表目录。公式的编号虽然也可以通过题注来完成，但强烈建议使用公式编辑器自带的编号工具来实现。

7.1.4 不要使用空格来对齐文本

只有英文单词间才会有空格，中文文档没有空格。所有的对齐都应该利用标尺、制表位、对齐方式或段落的缩进等来进行。同理，一定不要敲回车来调整段落间的间距。

7.1.5 绘图

统计图建议使用Excel、Origin或Gnuplot生成，框图和流程图建议使用Visio或Inkscape。如果使用Word或WPS的绘图工具绘图，最好在画布上进行。

编辑图片尽量使用矢量绘图软件，建议使用Illustrator或Inkscape，该软件绘制或编辑的图片为矢量格式，具有放大不失真的优点。

7.1.6 编辑数学公式建议使用MathType

由于Word集成的公式编辑器是3.0版，其功能有限，所以建议使用高版本的公式编辑器。安装MathType后，Word会增加一个菜单项，其功能一目了然。一定要使用MathType的自动编号和交叉引用功能。这样首先可以有一个良好的对齐，还可以自动更新公式编号。更值得一提的是，对于习惯于排版的人来说，Mathtype6.0 增加了基于 $\LaTeX$ 语法利用键盘输入公式的功能，极大提高了公式录入速度。详细内容请参照7.8.1一节。

7.1.7 参考文献的编辑和管理

建议在阅读文章的同时整理参考文献，并使用专业的参考文献管理器进行，如Reference Manager、Endnote或Note Express等。这些参考文献管理软件与Word或WPS集成得非常好，提供即写即引用（Cite While You Write，CWYW）的功能。你所做的只是像填表格一样地输入文献相关信息，如篇名、作者、年份等，在写作中需要引用文献的地方插入标记，它会为你生成美观、专业的参考文献列表，而且参考文献的引用编号也是自动生成和更新的。这除了可以保持格式上的一致、规范，减少出错机会外，还可以避免正文中对参考文献的引用和参考文献列表之间的不匹配。从长远来说，本次输入的参考文献信息今后可以重复使用，一劳永逸。

7.1.8 使用分节符

如果希望在一篇文档里得到不同的页眉、页脚、页码格式，可以插入分节符，并设置当前节的格式与上一节不同。

7.1.9 多做备份

我们相信Word或WPS具有强大的功能，但怀疑其可靠性和稳定性，因为可能会遇到"所想非所见""所见非所得"的情况。如果养成良好的备份习惯，这些情况也可以尽量避免，即使遇上，也可以将损失降低到最低限度。每天的工作都要有备份才好。注意分清版本，不要搞混了。Word或WPS提供了版本管理功能，将一个文档的各个版本保存到一个文件里，并提供比较合并等功能。不过保存几个版本后文件就大得不得了，而且一个文件损坏后所有的版本都没了，还是建议多处备份。

7.2 WPS软件的选项设置

通过文件|选项打开选项对话框，如图7.1所示，包括视图、编辑、常规与保存等十四个页面，只要关注视图、常规与保存即可完成大部分排版需求。在视图页面，设置页面显示选项、显示文档内容和格式标记三个组。页面显示选项里复选状态栏。显示文档内容组里，复选域代码，且域底纹从下拉菜单里选择始终显示。在格式标记组里，复选全部显示，包括空格、制表位、段落标记、隐藏文字和对象位置等。视图页面的其他部分只要选择缺省设置即可。下面解释一下这几个选项的重要性。状态栏可动态显示当前光标所在文档位置的信息，位于打开文档的最下方，包括当前页码、当前节数、文档总页数、光标所在的行与列等。经常要注意的是"节""页/总页"信息。

始终显示域底纹的好处是对文档中的"域"一目了然，关于"域"的概念此处限于篇幅不再展开论述，可简单理解为"域"是WPS程序本身或通过第三方程序生成的特殊字元，如标题的"自动编号"，通过Mathtype输入的"公式"等。对于文档中的域最好不要轻易改动，特别是自动编号。格式标记是文档中的特定符号，是非打印字符。根据需要显示某些格式标记，会给文档的排版带来许多方便。格式标记包括空格、制表位、段落标记等，全部显示的好处是减少文档中不必要的格式标记，减小文档大小，使之美观。

图 7.1　WPS 选项设置

点击常规与保存页面标签，进入后选择一个度量单位，可以从下拉菜单里选择英寸、厘米、毫米或磅，在下拉菜单的下方，还有一个复选框，选择是否使用字符单位，如果复选该框，度量单位的选择将不起作用。常规与保存页面下，保存组里有一个将字体嵌入文件的复选框。本地编写的文档可能使用了一些特殊字体，其他人的电脑上不一定有相应的字体，为了保证所编写文档能在其他电脑上正常显示，最好复选该框，会将本文档用到的字体嵌入文件中。

7.3 格式与样式

很多人都是在录入文字后，用"字体""字号"等命令设置文字的格式，用"两端对齐""居中"等命令设置段落对齐，但这样操作需要重复很多次，而且一旦设置不合理，最后还需一一修改。"格式刷"的使用虽然大大提高了效率,可将修改后的格式一一刷到其他需要改变格式的地方,然而在需要修改的地方较多的情况下效率同样很低。"样式"是专门为提高文档的修饰效率而提出的，花些时间学习好样式，可以使工作效率成倍提高、节约大量的时间。样式是字体、字号和缩进等格式设置特性的组合，将这一组合作为集合加以命名和存储即是样式。应用样式时，将同时应用该样式中所有的格式设置指令。例如，无须采用三个独立的步骤来将标题设为三号、宋体、居中对齐，只需应用"标题"样式即可获得相同效果。可以在"任务窗格"的"样式和格式"窗口中，选择已有样式或者自定义样式，来达到快速应用格式的目的，保证文档的一致性，如图7.2所示。对文章中的某些段落，或者某些文本应用某样式之后，这些段落或文本就与这个样式绑定了。此时，修改样式包含的具体格式，绑定的段落或文本的格式也会随之改变。对于长文档的格式统一修改，非常快捷有效。

从样式的影响范围来说，可分为段落样式和字符样式，前者作用于段落，控制段落外观的所有方面，如文本对齐、制表位、行间距和边框等，也包括字符格式的设置，段落样式名称后的标识为回车符；后者只作用于字符，影响段落内选取文字的外观，例如文字的字体、字号、下划线等，字符样式名称后的标识为字符a。样式的使用可以统一文档格式，提高格式化文档的效率。

以下情况可以使用样式：需要一次改变多处文本，可选取后直接单击样式窗口中的格式，快速应用，比格式刷具有事半功倍的效果；需要同时修改具有同一样式的文本格式，可在样式窗口中修改该样式即可快速实现；需清除对多处本文设置的同一格式，在样式窗口删除该样式或者单击"清除格式"即可快速清除；可以通过设置的样式快速生成目录。

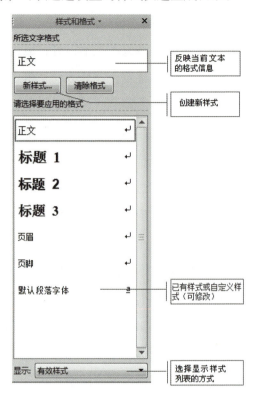

图 7.2　样式和格式

7.3.1　新建或修改样式

如图7.2所示的样式和格式设置窗口，可以新建样式，或右击一个样式列表中的已有样式，在弹出菜单中选择"修改"，在随后弹出的"修改样式"对话框中可以看到这个样式的相关信息及格式设置，同时也可以在这个对话框中对当前样式的格式进行重命名。

在图7.3所示的新建样式对话框中，第一行样式名称，新建样式或是重命名一个已有样式时，建议以一个固定的英文字符开头，再连接一个样式的功能名称，如"nwpu一级标题"，这样做的好处是所有自定义的样式将集中显示在样式列表中,便于选择。第二行,样式类型,从下拉菜单中可以选择段落或字符,此处的选择会决定对话框左下角格式组内内容的不同。第三行,样式基于是使用户选择一种与新建样式接近的内置样式进行修改,比如基于内置正文样式定制一种新的正文样式,修改其行距、字体大小、缩进等。第四行,后续段落样式,可以从下拉列表里选择,比如我们希望标题后跟正文,这样新建的标题样式里,该项就可选择正文,或者一级标题回车后想直接输入二级标题的样式等,均可通过后续段落样式来选择。紧跟格式下可以改变字体、字号、加粗和斜体等,这些格式的精细调整也可以在左下角的格式下拉菜单下进行。这个对话框里还有一个同时保存到模板的复选框,这个选项的作用是确认是否将新建样式保存到缺省的文档模板里。我们每次新建文件,均会基于缺省文档模板建立,勾选刚才的复选框,在一个文档里新建的样式可以用于另外的新建文档。这个功能要慎用,缺省模板里新增的样式会改变原有缺省模板文件的纯洁性。

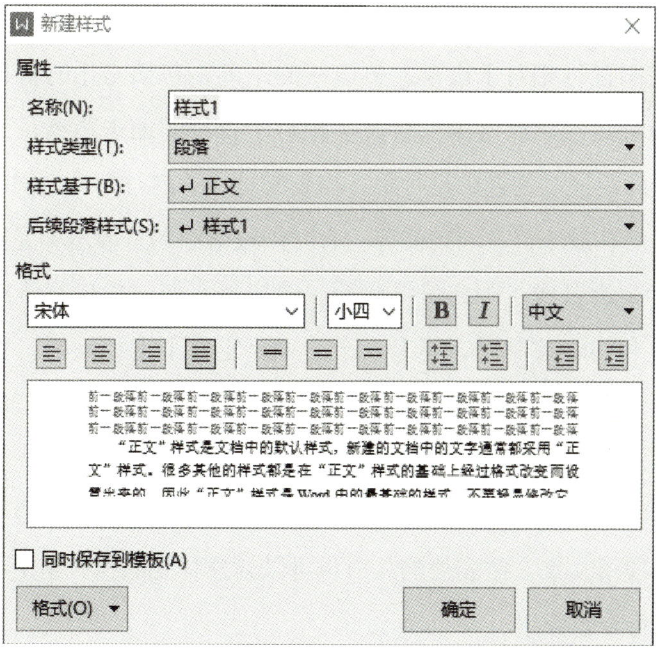

图 7.3　新建样式

样式由不同格式构成，其组成部分又随样式类型的不同而有所不同，对于段落样式而言，主要包括字体、段落、制表位、边框、编号及快捷键六种格式，对于字符样式则仅包括字体、边框及快捷键三种。对于构成样式的每种格式来说，又包括很多内容，如字体格式包括字体类型(中西文字体)、字形(斜体或粗体等)、字号(字的大小)、颜色、下划线、上下标等内容。这里仅介绍最常用也是最难用的三种格式，分别为段落、制表位和编号。

7.3.2 段落格式

段落是构成文档的基本单位，文档格式的合理控制很大程度取决于段落格式设置。段落格式控制段落文字的缩进、段前段后间距、段落的对齐方式以及段落大纲级别，如图7.4所示。文本之前的缩进控制段落左侧的空白距离，文本之后的缩进控制段落右侧的空白距离，段前间距控制段落之前的距离，段后间距控制段落之后的距离，这四个距离尺寸可以将段落定义成一个矩形块置于版面中的预定位置，其度量单位可以选择厘米或磅等单位。特殊缩进格式控制首行相对于段落左侧边线的距离，包括常用的首行缩进两字符。悬挂缩进是控制段落第二行文字相对于首行的缩进距离，产生悬挂效果。另一个间距控制的选项是行距，控制的是段落内行与行之间的距离，包括单倍、多倍、最小值、固定值等。有时候段落中图片显示不完整，很有可能是段落行距设置成了固定值导致的，改成最小值或单倍行距即可解决问题。在缩进和间距控制里，还有一个"如果定义了文档网格，则与网格对齐"的选项，比如文档页面设置成了带方格的作文纸，这时我们希望文字能落在方格内，此时就需要复选这两个选项。

在段落格式设置窗口的左下角，可以设置段落中的制表位位置，主要用于快速对齐段落文字。制表位的入口也可以新建样式的格式组里找到，将在7.3.3一节进行专题介绍。

图7.4 段落格式

7.3.3 制表位与对齐

论文写作过程中经常会遇到公式对齐的情况,我们希望不管公式多长,都能在版心居中对齐,公式编号能在版心右侧对齐。制表位在类似格式排版中能发挥极大作用。一个段落中可以设置多个制表位。打开制表位设置窗口,如图7.5所示。左上角设置制表位的位置,该数值表示距离版心左侧的距离,单位可以按需求从数值设置框右侧的下拉框里选择。位置数值录入后,接着选择对齐方式,包括小数点对齐、左对齐、右对齐和居中对齐,再设置前导符,设置从一个制表位跳到下一个制表位时所选用的连接符,比如目录中多选用居中散点连接。通过以上制表位位置录入、对齐方式和前导符选择三个步骤后,点击设置按钮完成一个制表位的设置,接着可继续设置下一个制表位,直到完成所有制表位设置为止,最后按确定按钮完成设置。

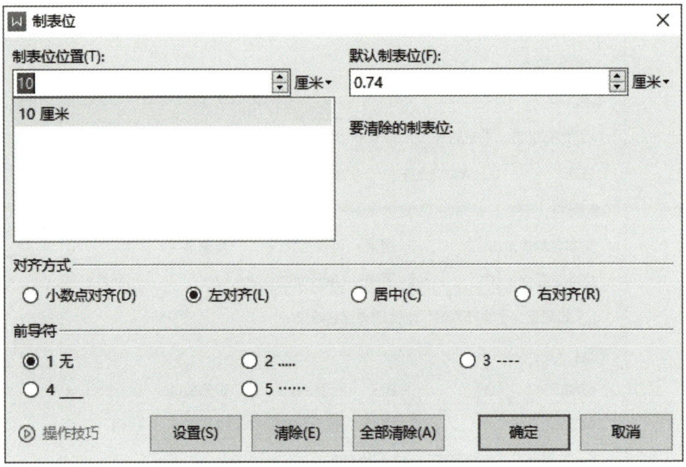

图7.5 制表位

图7.6所示是利用制表位对齐公式的效果。制表位还可以用于图7.7所示的对齐效果，分别设置了两个制表位，一个是6厘米处右对齐，另一个是6.5厘米处左对齐，这样保证两列之间距离固定为0.5厘米，比用空格对齐方便而且准确。

图7.6 利用制表位对齐公式

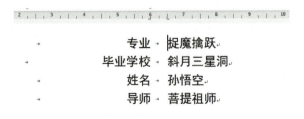

图7.7 利用制表位对齐两列文本

7.3.4 段落编号

手动对长文档标题进行编号是一件非常繁琐的事，而且很容易出错。如果内容前后位置要进行调整，相应的标题编号也要更改，可能会连带所有标题进行重新编号，造成效率低下，因此在长文档写作中进行自动编号是一项非常重要的工作。我们要认识到，标题也是一种特殊的段落，尽管其长度较短，通常只占一行，但也属于段落。因此设置标题可按照设置段落样式的方法进行。段落样式的格式组里，有一项编号格式，主要用于标题自动编号设置。

编号是文档排版中一个重要的概念，它使文档的所有标号均可自动生成，不需人为地进行更改。这样避免在文档修改过程中导致编号出错。进入图7.3所示的新建样式或修改样式窗口，打开左下角格式组里的编号窗口，显示的是"项目符号和编号"，如图7.8所示。其中包含项目符号、编号、多级编号和自定义列表四个不同页面，自定义列表列出了前面三个编号项的自定义情况。对于标题自动编号而言，需要设置的是多级编号，而且为了满足使用要求，通常需要进行自定义操作。此处重点介绍多级编号，它在标题、公式、图、表等自动编号中具有重要的作用。

图7.8　段落编号

标题自动编号通过自定义多级编号来实现，有了标题自动编号不必再为手动添加标题编号而发愁，也不用担心手动编号时出错。通过图7.8所示的段落编号对话框中的多级编号自定义来实现，选择一种与期望编号结果相似的多级编号进行自定义，打开图7.9所示的自定义多级编号列表的对话框。

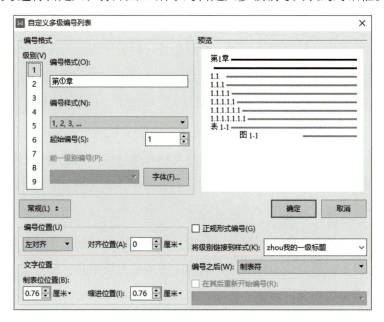

图7.9　自定义多级编号列表

在图7.9中可以看到，编号级别包括九级，这与段落格式定义中的大纲级别是一致的。进入图7.9所示对话框的途径可能不同，如我们可以从一级标题样式修改中进入，也可以从二级标题样式修改中进入，还可以从开始菜单下面的工具栏里，插入项目符号或编号旁的下拉小箭头打开最底端的自定义项目符号或自定义编号。但通常来说，当我们进入自定义多级编号列表窗口后建议一次设置好所有级别标题对应的多级编号，实践证明这样可以省去很多不必要的麻烦。位于编号级别设置列表下端有一个常规或高级的选择按钮，可以在两者之间进行切换。要一次设置好多级编号，首先要选"高级"选项，图7.9就是选择高级选项后的对话框。右上角是预览区。核心要设置的就是不同级别编号的具体格式，如先选择一级编号，编号格式，可以在编号前写第，编号后写章，预览区显示的是第1章，显然这是章标题的编号样式，编号样式可选择阿拉伯数字、汉字数字、汉字数字大写、带圈数字等，起始编号也可以调整。对话框的下端设置编号位置及文字位置，编号与文字之间的连接符（制表位、空格），以及与编号级别相关联的样式名称，比如图7.9中显示的与一级编号相关联的样式为"zhou我的一级标题"。经研究发现，图7.4所示段落格式的缩进设置与图7.9所示的自定义多级编号列表中编号位置和文字位置的设置密切相关，彼此相互制约，改变其中一个，另一个也随之改变。具体对应情况为，自定义多级编号列表里的编号对齐位置对应段落格式里的文本之前缩进，段落格式里的悬挂缩进对应自定义多级编号列表里编号对齐位置与文本缩进位置之差。需要注意的是，要实现联动改变，需要在修改相应设置后再次确定一下当前段落的样式或自定义编号，否则不会自动更新。比如通过段落格式修改了文本之前的缩进或者特殊格式缩进，我们需要对当前段落重新选择确认一下包含段落格式修改的样式，段落缩进才会更新显示，但段落格式缩进位置的设定数值不会影响到自定义编号列表里的编号对齐位置和文字缩进位置。同样，如果修改了自定义多级编号列表里的编号位置或文字位置，也需要通过开始菜单下的工具栏里，从自定义编号表里选择刚才修改的自定义列表，更新段落缩进状态，相应的缩进数值才会自动更新到段落格式里。自定义多级编号列表里还有一个制表位位置，只有在设置"编号之后跟制表位"时才起作用，控制编号后文字在什么位置对齐显示。当然，这几个位置也是相互制约的，控制文字位置的制表位位置不应该小于编号对齐位置，因为只有在编号后才能跟文字。

从以上分析可以看出，段落编号和段落格式相互独立，又相互关联，独立是因为要想使新的设置起作用，需要重新确认，关联是因为重新确认后段落编号设置会影响段落格式，但段落格式不会影响段落编号。举一个例子，根据图7.10显示的标尺，标尺显示数值的单位为厘米，要求设置一个标题样式，另其编号在5厘米处居中对齐，编号后跟制表位，制表位设置在6厘米处，文字缩进为7厘米，分别将这3个数字在图7.9中显示位置设置后，确定退出对话框。然后保证鼠标处于当前段落中，在开始菜单下的工具栏里，点击自定义编号，从自定义列表里选择刚才设置过的自定义列表，点击确定，编号样式即显示为图7.10所示的情况，方框分别标注出三个对齐位置。

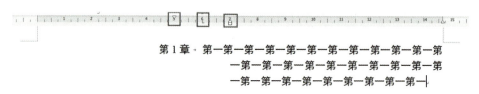

图7.10　标题编号设置实例

前面讨论的编号对齐位置及文字缩进位置的设置在段落左对齐或是满行且换行的条件下才会表现出严格的对齐位置，比如图7.10所示段落对齐方式为右对齐，标题内容有三行，所以编号对齐位置及文字缩进位置严格对齐在方框框定的设置值处，如果同样的设置，标题内容不足一行，也就是经常遇到的短标题，显示效果如图7.11所示，编号对齐位置及文字缩进位置并未与设置值对齐。段落居中时也有类似情况。

图7.11　短标题右对齐显示效果

特别注意的一点，对齐位置、缩进位置的设置要合理，如果编号对齐位置与制表位位置设置得很接近，此时如果编号位置设置成左对齐，而且长度又较长，编号对齐位置与制表位位置之间的差值不足以容纳编号本身，此时就不会产生预想的对齐效果，如果编号是右对齐，不管编号多长，对齐位置的右侧与段落内容之间除了连接的制表位或空格没有其他内容，此时两者之间的间隙可以随意调节。

以上内容只涉及了一级编号格式的设置，对于二级、三级及之后的各级编号设置方法类似，但后一级编号涉及重新编号的问题，需要在图7.9中右下角选择在哪一级标题后重新编号，通常选择在上一级编号之后进行重新编号。

自定义多级编号还可用于图和表的编号。图表编号可以通过引用|题注的方式进行定义，也可以在编号前包含章节编号，但是章节起始样式限定于文档内置的九级标题样式，对于全新定义的标题样式而言，无法利用题注的方式在图或表编号前再包含章节编号，局限性较大。自定义多级编号可以解决这一问题，由于自定义多级编号最多可以达到九级，我们可以利用最后两级编号分别给图和表进行编号。图的编号格式为"图一级编号-八级编号"，而且注意，设置八级编号格式时，在图7.9里要勾选"在其后重新开始编号"的复选框，并从下拉菜单里选择级别1，另外在前一级别编号的下拉菜单里也选择级别1。切记定义编号级别时，一定要将其连接到样式，如标题样式或图表样式等。

7.4　分节符与分隔符

在大型文档中，通常会遇到相邻两页格式不同的情况，最典型的比如前一页为纵向排版，而后一页为横向排版；又比如要排出第一章与第二章不相同的页眉、页脚等等，此时即需要通过分节符来实现，分节符将大型文档分成若干节，每一节可进行独立的页面设置。分隔符主要用于在文档的不同节内进行快速跳转，如从当前的录入位置快速跳到下一页，这种情况使用的是分页符，不必要从当前位置一直回车直到下一页再录入，或者在分栏文档里，可以从某一栏的当前输入位置快速跳到下一栏，或者从段落的某一行利用换行符直接跳到下一行，所以分隔符主要包括三类：分页符、分栏符和换行符。分隔符仅用于分隔，而不起分节的作用，分节符则既起分隔作用，又起分节作用。要想使相邻两页或相邻两章具有不同的格式，则需使用分节符。分节符和分隔符的操作比较简单，选择位置在页面布局菜单下的分隔符下拉框里，如图7.12所示。

图7.12 分隔符和分节符

　　分隔符包括分页符、分栏符及换行符，分别用于分页、分栏及换行，但不分节，也就是分隔后的前后两部分具有相同的格式，如具有相同的页面设置，具有相同的页眉页脚等。分页符的使用不再需利用大量回车键使光标跳到下一页，也不会因为前一页新增几行而需重复调整下一页的起始位置。分页符可由当前光标位置直接跳到下一页首行，在分页符前面添加内容会导致分页符向下移动，但不会导致下一页首行的移动，所以不必重复调整下一页首行的位置；分栏符可由第一栏直接跳到下一栏；换行符可由本行直接跳到下一行，而不改变当前行的格式，这对于某些排版格式非常有用。如某一大标题的段前、段后间距分别为6磅，由于标题太长，我们想在中间某处断开，通常的做法是将光标置于想断开的位置，然后加一回车，此时两行均具有段前、段后间距，所以两行之间有较大空白，不太美观。如果采用换行符，则可避免出现重复的段前段后间距，使排版效果大大美化。下面着重介绍一下各种不同类型的分节符。"节"是文档格式化的最大单位(或指一种排版格式的范围，节之下有段落)，分节符是一个"节"的结束符号。默认方式下，整个文档被视为一"节"，所以对文档的页面设置是应用于整篇文档的。若需要在一页之内或多页之间采用不同的版面布局，只需插入"分节符"将文档分成几"节"，然后根据需要设置每"节"的格式即可。分节符的重要作用是使不同节具有不同的格式或页面设置，最常见的就是前面提到的两相邻页面具有不同的页面设置，前一页为纵向，后一页为横向，其实现方法为插入"下一页"分节符，然后将光标置于后一页，通过页面设置设置为纵向或横向即可。连续分节符用于设置同一页面上具有不同格式的设置，如

某些杂志文章的题目及摘要部分为单排，而后面正文部分为双排，这种情况即可在页内进行连续分节。偶数页、奇数页分节符用于插入偶数页或奇数页用，如当前光标位置在奇数页，如果插入奇数页分节符，则程序会空出紧接的偶数页，直接跳到下一奇数页。这一功能通常用于书籍排版中，章首页一般从奇数页开始，也就是打开书后的右手为正面，如果前一页的结论也刚好位于奇数页，此时则需要插入奇数页分节符，保证下一页从奇数页开始，而在前一偶数页出现一空白页。偶数页分节符与奇数页分节符的用法相同。

7.5　页眉页脚

页眉页脚是文档中每个页面里上、下页边距界定的用于存储和显示文本、图形的信息区。页眉页脚常用于文档的打印修饰，内容可以包括文档当前页页码、文档页数、文档建立日期时间、文档作者、文档当前页面标题、文档路径和文件名、公司徽标、边框线、特制图形等文字或图形。在文档中设置页眉页脚可以在文档的任何显示浏览视图下进行，但只有页面视图、文档打印预览和文档打印中可以显示页眉页脚，其它视图下均看不见页眉页脚；将设置了页眉页脚的文档另保存为Web网页文件时，其页眉页脚将不仅不显示而且也不能打印输出，不过当把Web网页文件转换回word文档后又可以还原其页眉页脚；在文档中设置页眉页脚可自始至终用同一个页眉页脚，也可以在文档的不同部分用不同的页眉页脚。例如，可以在首页上使用与众

不同的页眉页脚或者首页上不使用页眉和页脚,还可以在奇数页和偶数页上设置不同的页眉页脚,当然也可以在文档的不同部分设置使用不同的页眉页脚,但必须进行文档分节处理。页眉页脚的设置难度较大,极易出错。

  WPS应用程序中的"页眉页脚"命令位于插入菜单下的"页眉页脚按钮",点击该按钮会打开一个新的菜单页面,如图7.13所示。WPS对页眉页脚设置做了很好优化,功能强大了很多,比如经常遇到的页眉横线问题,WPS专门增加了控制页眉横线的功能,还增加了页眉页脚距页面顶端和底端的距离的实时控制预览功能,总之单页上的页眉页脚设置比较容易实现,但难点在于大型文档跨节的页眉页脚设置。

图7.13   页眉页脚菜单

  在图7.13所示的页眉页脚菜单里打开页眉页脚选项对话框,如图7.14所示,可以针对页面设置首页不同、奇偶页不同。以下情况很常见,一般首页不设页眉,奇偶又设置成不同的页眉,如偶页是某校的毕业论文,奇页是当前页面的二级标题或者是本章节的章标题。还有一些同前节的选项,根据需要进行勾选即可。这一页面在文档的每一节都要进行设置。页眉页脚更高效的设置方法是,直接在页眉页脚菜单工具栏上进行,比较常用的图7.13所示方框框住的那几项,下面逐一进行介绍。

  首先是域。域相当于Windows系统中的环境变量,可以读取很多信息,是WPS程序中的一种对象变量,我们点击插入菜单下面文档部件里的域按钮,在页眉页脚操作时,也可点击图7.13中所示的域按钮,可以打开插入域的对话框,如图7.15所示。我们重点关注插入域里的样式引用。通过样式引用,我们可以在当前节的页眉上插入已设置好样式的标题编号及标题内容,这样设置好页眉后,页眉内容会随着正文内容的变化而变化,比如标题变了，页眉会自动更新成新的标题内容。所以插入页眉时，如果页眉内容会随正文内容的改变而变化，建议通过插入域的方式插入页眉。如果要同时插入标题编号和标题内容，在页眉上需要通过样式引用插入两次要引用的样式，一次需要复选图7.15所示的插入段落编号复选框，插入的是标题编号，再插入一次样式引用，不复选该框，插入的是标题内容。文档编写完成后，节已划分好，就可以通过图7.13上显示的显示前一项、显示后一项、同前节、页眉页脚切换等快速跳转设置不同节的页眉页脚。

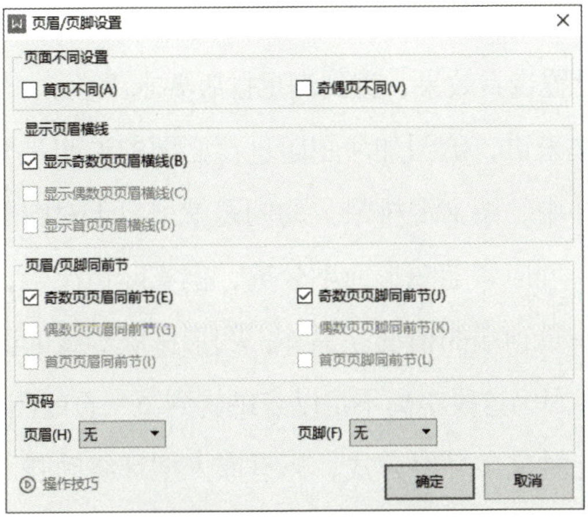

图7.14　页眉页脚选项

图7.15　插入域对话框

7.6 图文混排

图形作为一种特殊的文档元素在高质量论文写作中占有重要角色。图形很容易通过直接拷贝粘贴或是插入图片来自文件的方式引入文档，图片与文字的关系主要包括四周型、紧密型、穿越型、上下型、衬于文字下方、浮于文字上方或是嵌入型等七种，每一种的显示效果也很容易理解，对于紧密型的环绕方式，环绕文字还可以选择两边、只在左边、只在右边、只在最宽一侧四种环绕方式。另外还可以设置图形距正文上、下、左、右的间距。这些效果均通过更改设置查看效果，直到满足排版要求为止。

作为科技论文来讲，给图加注图题进行必要的说明是非常必要的，但是可视化字处理软件中，图文混排最大的问题就出自于对图题的处理上，图题作为图的一部分，理应紧随图形而不分离，但实际情况是，经常出现图在前页，但图题在下一页顶端的情况。另外，图形排版导致的问题还包括页面下端出现大段空白，因为这段距离不足以容纳转到下一页的图形。

刚才所述的七种文字环绕方式，只有嵌入型环绕勉强能解决图题与图随动的情况，但也无法解决图、图题分离的问题。其他六种环绕方式连图与图题并行的问题都无法解决。即使解决了图与图题并排出现的问题，还有一个图形编号的问题。在段落编号一节中提到，如何通过多级编号对图或表进行含章节的自动编号，但这种方法不适合于对文本框或是图文框里的文字段落进行自动编号，也就是将图和图题都放在文本框里，这个可以解决图和图题共存的问题，但作为图题的文字无法进行多级编号，因为多级编号里章节序号不会更新，总认为是第一章。

经过尝试发现，采用单元表格内填图、填文字的方式基本可以解决前面提到的图文混排问题。而且表格内的文字也可以正常进行图形编号。具体实现方法是，只要插入一张1*1的单元表格即可，大小可以在插入图片后进行调整，插入的图片选择嵌入型环绕，然后换行输入图题内容。图片和图题可以用已建

好的样式进行格式化，从而自动实现图的上下间距控制及图形的自动编号。对于一幅图含有多幅子图的情况可以采取类似方法处理，但是在插入图形前，可以先在表格里插入一张画布，在画布上可随意调整子图位置、大小、添加子图图题等。插入画布的路径为，插入|形状|新建绘图画布。图7.16所示为并列子图的排版效果，画布、表格、快捷菜单也显示在了图上，实际打印时不会显示。

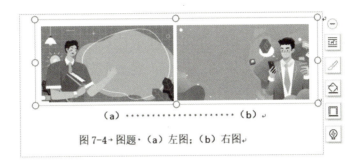

图7.16　并列子图形排版效果

还有一种情况，两幅图并列排版，但图题是两个独立编号的图题，这种情况无法通过在表格中插入图片方式解决，因为一行图题只能有一个编号。这种情况下，可采用分节的方式，在图形插入点处，插入两个连续分节符，在分节符之间分成两栏或多栏，每一栏可插入一个图形，图形后可紧跟自动编号的图题，排版效果如图7.17所示。

图7.17　并列图形排版效果

7.7 交叉引用

交叉引用是引用菜单里的功能之一，打开路径为引用菜单下的交叉引用按钮，主要实现文档中标题或图表编号在文中的交叉引用，比如在正文中某段要引用某一幅图进行说明，就需要在文中提到图的编号，不能简单说上图下图，或是左图右图，通过引用图的编号具体化说明对象，不模糊，这种引用就是交叉引用。再比如，有时我们提到上节讨论了什么内容，也不具体，要具体到节号，这也是交叉引用。引用的内容通常是标题编号或是图、表编号。图7.18所示为交叉引用的对话框。我们可以看到，引用的类型里包括编号项、标题、书签、图表等。如果我们是按是7.3节所述的方法新建了标题样式及图表样式，并设置了多级编号，那么此处最常用的就是编号项引用了。所谓的编号项引用就是引用我们定义好的自定义多级编号，就是刚才提到的标题编号、图号、表号。从下拉列表中选择编号项后，下面会详细列出文档中有哪些编号项，我们选择一个引用即可，比如就选择列表中的"1.2.2尽量使用样式"这一节的标题。选择好后，再看引用内容的下拉菜单，可以选择页码、段落编号、段落编号（无上下文）、段落编号（完整编号）、段落文字、见上方/见下方等六种选项。页码很好理解，就是所引用节标题所在的页码。段落编号和段落编号（完整编号）是一样的，比如1.2.2节，但段落编号（完整编号）包含段落编号的前序编号，即为"第1章1.21.2.2"，显然我们不会这样用，至少要加一些说明文字才行，如"第1章1.2节1.2.2小节"，除了自动引用过来的文字我们还增加了节和小节才能更为明了。段落编号（无上下文）是指只引用了当前标题的编号"1.2.2"，这个更为常用。见上方/见下方是指要引用的文字是处于当前位置的上方或是下方，这个也不常用。

图7.18　交叉引用对话框

7.8　常用插件

为了在论文写作中事半功倍，要充分利用第三方软件来完成word或WPS排版中的烦琐工作，在科技论文中最重要的两个插件是公式编辑器Mathtype和参考文献管理器（本书以Zotero为例进行重点介绍）。

7.8.1　公式编辑器

在编辑文档时，公式录入是一件非常烦琐的事。Mathtype作为一款公式录入的第三方软件已经得到了广泛认可，由Design Science公司开发，微软Office里一直自带该公式编辑器的缩水版Microsoft公式编辑器3.0，能够完成基本的公式录入，但要使用其完整功能需要购买安装，并能在Word里添加公式编辑器的工具菜单。但由于安全问题，缩水版微软公式编辑器从Office 2007之后的版本中退出。新式的内置Office公式编辑器使用OfficeMath标记语言（OMML）作为Office文件中的公式的首选格式。另一方面，2008年5月，金山公司对外宣布金山公司巨资购买公式编辑器回馈WPS用户，在WPS内置了缩小版的金山公式编辑器3.3，与Word中原先内置的公式编辑器基本相似。事实上，WPS也支持MathML的公式录入，但人们对此关注很少。

不管是微软自行开发的公式编辑器，还是目前 WPS 里使用的公式编辑器，其功能和为大众的接受程度远不及 Mathtype，它同时支持 Windows 和 Macintosh 操作系统，与常见的文字处理软件和演示程序配合使用，能够在各种文档中加入复杂的数学公式和符号。利用 Mathtype 作为专门的公式编辑工具，会为论文的编辑和修改提供很多方便，而且使论文更加美观。

WPS 要完整安装运行 Mathtype 插件[①]，首先需要 WPS 安装 VBA 扩展，以便支持 VB 宏运行。遗憾的是，WPS 个人版缺省是不支持 VBA 宏的，WPS 的 VBA 宏支持只面向商业版开放。在 WPS 开发工具菜单下查看 VB 宏状态，如图7.19所示，是在 WPS 里安装 VBA 扩展后的状态。点击右端的切换到 JS 环境，可以在 VB 宏和 JS（Java 脚本）宏之间切换。在确定 VB 宏能运行后，安装 Mathtype 公式编辑器。还可能遇到的问题是，Mathtype 工具菜单不能正常加载。安装 Mathtype 时，切记其安装目录，安装完毕后，在其安装目录下找到"Office Support"目录，里面有 32 和 64 两个目录，分别代表支持 32 位和 64 位系统，建议选用 32 位系统的文件，在 32 目录下有多个含有 Mathtype Commands 的模板文件，扩展名为 dotm，建议选择含 2013 的那个模板文件。将 "MathType Commands 2013.dotm" 这个模板文件复制到 WPS 软件的启动目录下。启动目录依据 WPS 的安装路径有所差异，但是 Startup 目录之上的几级目录形式应该为，...\Kingsoft\WPS Office\11.1.0.12763\office6\startup\ 。当然，如果安装 Mathtype 后工具条能自动显示，就不必要自行拷贝模板文件到启动目录了。

图 7.19　WPS 里开发工具 VBA 扩展安装后的状态

图7.20所示为 WPS 里的第三方插件 Mathtype 工具菜单。

---

① https://bilibili.com/video/BV1sR4y1172N

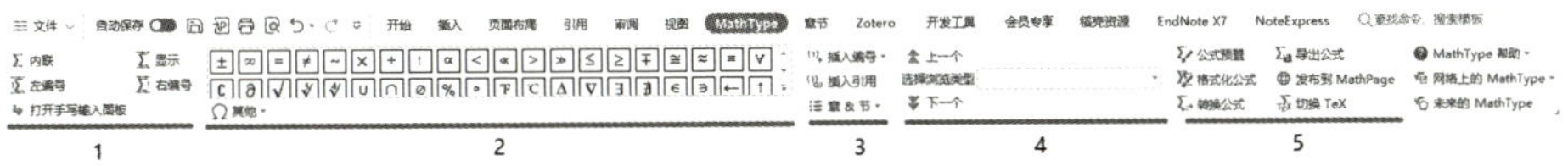

图 7.20　WPS 里的第三方插件 Mathtype

下面着重讲一下该插件的使用方法。Mathtype 工具菜单主要包括五个区域，第 2 个区域内容是 WPS 自带的"插入新公式"菜单的一部分，主要是录入特殊符号，不属于 Mathtype 的功能部分，建议不使用，接下来重点介绍 1、3、4、5 区域的使用方法。

区域 1 是 Mathtype 的核心功能区，包括五个按钮，分别为内联、显示、左括号、右括号和打开手写输入图板，内联输入的是 inline 公式，也就是在一段落文字的内部输入公式，作为段落文字的一部分，当然其存储象仍是 OLE（对象链接与嵌入，一种用于在不同程序之间交换数据并建立复合文件的技术）；显示输入的是 display 公式，独占一行或多行，可以带编号或不带编号，类似于一整段文字；左括号表示输入带左编号的显示公式，也就是在显示公式的左侧给公式编号；右括号表示输入带右编号的显示公式；打开手写输入面板可以手写录入公式，然后进行识别，有一定的识别误差，如果有手写板辅助，识别成功率会更高。这一区域的操作方法比较简单，需要注意的是，当选择左括号或右括号时，系统会提示设置起始章、节编号，如图7.21所示，因为公式编号时的格式缺省是包括章编号或是节编号的，这个会在介绍区域 3 的功能时详细讨论。

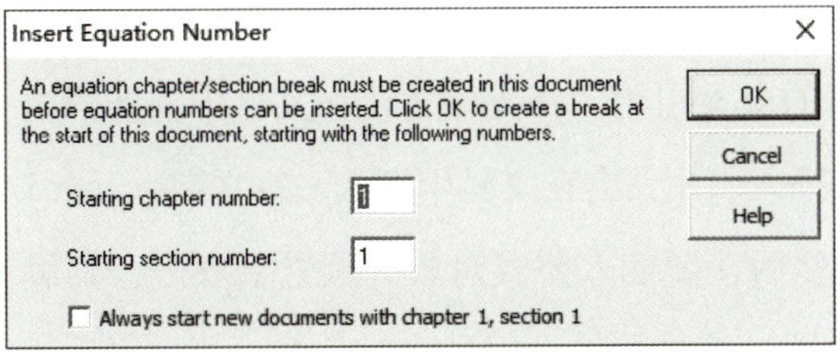

图 7.21　插入公式编号时起始章节号设置

区域3可以说是Mathtype核心功能外的一个重要辅助功能,可对公式进行高效编号,一共包括三行,第一行是插入编号功能,点击右端小箭头可以显示两个下拉菜单,分别是格式化和更新,格式化是定义公式编号的形式,点击格式化按钮后会弹出格式化公式编号的对话框,如图7.22所示,包括简单格式(Simple Format)和高级格式(Advanced Format),简单格式基本能满足我们的全部需求。简单格式包括五行,分别设置章编号、节编号、公式编号的形式,公式编号的括号形式以及章节编号与公式编号之间的连接符等,下面有预览,可以清楚地观察公式编号的最终形式,按需定制即可。对话框的第二组是,格式设置的影响范围,如果我们不想改变之前公式编号的形式,复选新公式编号即可,如果想统一修改整篇文档的公式编号,去掉复选,全文公式将按照新设置的公式编号格式进行更新。对话框第三组是一些可选项,第一个复选框表示,新设置的编号格式将自动更新全文的公式编号,第二个是当插入第一个公式编号时提出警告,第三个复选框是当插入公式引用时发出警告,视情况选择即可。图7.23所示为公式录入的一个实例,有两点需要说明:一是公式左端有一行文字,Equation Chapter 1 Section 1,这行文字是隐藏文字,在7.2节的选项设置里设置了显示隐藏文字后方可显示,不影响最终输出。另一点是,公式编号与公式未垂直居中对齐,而是文字沿底端对齐。关于这一点,我们可以通过修改样式来实现。通过Mathtype的工具菜单插入公式编号后,会新增一个名为MTDisplayEquation的样式,右键点击修改,修改其段落格式,在换行和分页的页面修改文本对齐方式,改为居中对齐即可,然后点击确定退出。图7.20区域3的第二行是在文档中进行公式编号的交叉引用。将光标定位在文档中需要插入公式编号引用的地方,然后点击插入引用,会在文档中插入一行文字equation reference goes here,然后在要插入公式对象的编号上双击,其编号就会出现在文中需要插入的位置。编号和其引用是映射关系,删除引用不会对编号产生影响;但是如果删除了编号,更新方程编号后,在其插入引用的位置会出现错误提示，提示用户引用的源目标已经不存在。区域 3 的第三行是插入章节分隔符，比如从当前位置开始要录入下一章的公式，那么在此处需要插入一个新的章编号，以便后面录入的公式是以新的章序号开始的。MathType 的章/节和文档中的章/节是相互独立的，MathType 的章/节分隔符和文档中的分隔符功能相同，但是相互独立，互不影响。

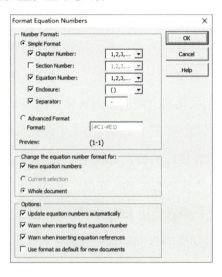

图 7.22　公式编号格式设置对话框

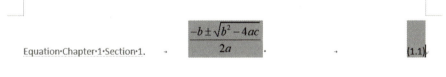

图 7.23　公式录入实例

区域 4 是在公式、公式编号和隐藏章节编号三者之间进行快速跳转，此处不再详述。

区域 5 有四个功能非常有用，分别是公式预置、格式化公式、转换公式和切换 TEX。公式预置其含义其实是偏好（Preference）设置，比如公式里的文本、函数、变量、符号分别采用什么字体、尺寸多大、上下标、极限、求和符号位置等，这些都可以进行定制，我们一般采用缺省设置即可。公式编辑器安装好，附带了一些偏好设置文件（预置文件），在 Mathtype 安装目录下的 Preference 目录下，包括 Calibri + Symbol、Euclid、TeX、Times+ Symbol 等几种字体，每种字体又有几种不同字号大小，可以按需加载。第二个功能是格式化公式，公式预置是先加载偏好设置，再录入公式，格式化公式是对已有公式进行批量格式化处理。比如，我们可能遇到来自不同文档的公式大小不一，此时即可用格式化公式功能，加载一种偏好设置，使全文公式统一成某一种字体、某一种字号大小的公式，这对全文统一格式非常重要。第三、四个功能是实现公式格式之间的双向转化，比较常见的是，在公式对象和 LaTeX 文本之间的转换，第三个功能是将文中公式对象转化为其他的公式文本，第四个功能是将文本 LaTeX 公式文本转化对象公式。相比之下，第四个功能更为常用，因为对于熟悉 LaTeX 的人来说，更倾向于输入文本公式，再转化为对象公式。比如在文档中直接按 LaTeX 的语法录入公式，\[\int_0^1\ sin\alpha \]，通过切换 TeX 按钮即可以转化为显示公式

$$\int_0^1 \sin\alpha$$

图7.20区域5里的切换TeX有一个高效的应用，就是将第三方识别软件识别到的LaTeX公式直接粘贴到Word文档里，然后通过切换TeX生成对象公式。能进行公式识别生成LaTeX代码的工具当数Mathpix Snip，其界面如图7.24所示，只需要截个图，Mathpix Snip就可以将截图中的公式自动转化为LaTeX代码表达式，我们只需要简单地修改就可以直接插入LaTeX或Word中，公式较为清晰规范的话是不需要修改的。而且可以识别手写的公式。官网下载安装完成后，Mathpix Snip会在后台运行即隐藏在任务栏，按快捷键Ctrl+Alt+M唤醒软件框选出要识别的公式，即可识别出框选区域的公式。需要注意的是，WPS里的Mathtype插件，转换TeX功能只识别$符号之间或\[和\]之间的LaTeX公式，因此拷贝时选择识别结果的第一项，自行添加相应的符号。

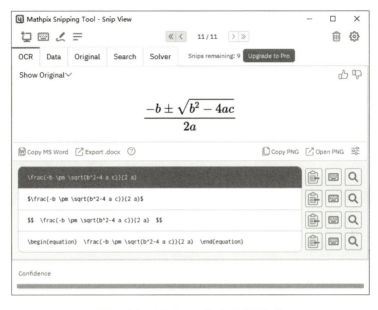

图 7.24　Mathpix Snip 识别公式

7.8.2　参考文献管理软件之 Zotero

安装 Zotero 软件后会在字处理软件如 WPS 的菜单栏显示 Zotero 插件，插件的运行和操作需要与软件协调进行，即在使用插件前需要先用 Zotero 打开文献数据库。Zotero 的运行界面如图7.25所示：主要包括三大区域，左侧为文库索引，主要包括两个文库，一个是我的文库，另一个是群组文库，主要用于群组内的文献共享，每个文库还可新建不同的分类，分类下还可建立子分类，类似文件夹的作用，可将文献进行分类管理；中间为文献简要信息，如标题、创建者、年、期刊等，简要信息的显示栏目可通过右击"标题"或"创建者"等任意信息标签，从跳出的列表中进行选择；右侧为文献详细信息、笔记、文献标签及关联文献。文献条目支持从外部数据库导入或者进行手工录入两种途径，其操作方法此处不再赘述。此处重点介绍软件安装完毕且文献数据库已建立好后，如何利用 WPS 里的 Zotero 插件进行文献条目的插入与删除。

图 7.25　Zotero 运行启动界面

WPS里的Zotero插件如图7.26所示，主要功能包括：添加/编辑引注（Add/Edit Citation，正文中引用参考文献的方式，可以是数字编号，也可以是作者年代，取决于选用的文献样式），添加引文注释（Add Note，在Zotero中阅读文献时记录的关于文献的笔记内容），添加/编辑文献列表（Add/Edit Bibliography，文后的参考文献列表），文档首选项设置（Document Preferences，选择文献的输出样式），刷新（Refresh，更新文档里的文献信息，特别是文献数据库改动后一定要进行此操作）、与文献数据库脱联（Unlink Citations），其功能作用很容易理解。需要说明的是，采用插件插入文献引注的途径只能通过 WPS 里的插件进行，不能在文献数据库里选择好文献条目再向 WPS 文档推送，因为在插件上没有此功能，这是有别于其他文献管理软件插件的地方。当点击 Zotero 插件的添加/编辑引注按钮时，会跳出一个红框白底的对话框，框首是大写 Z 字母，代表 Zetoro，框内可输入检索文字，可以是关键词也可以是作者名，以便从打开的 Zotero 文献里检索到待插入的文献，从中选择其一篇或几篇插入待插文献处即可。一次只能选择一篇，但可以多次检索，选择多篇后在一个位置插入多篇。此外，文献列表不会随着文献引注的插入而自动生成，需要在插入文献列表的地方单独点击添加/编辑文献列表进行插入。文后参考文献列表的样式文档首选项设置进行调整改变，其设置对话框如图7.27所示。

图 7.26　Zotero 在 WPS 里的插件工具

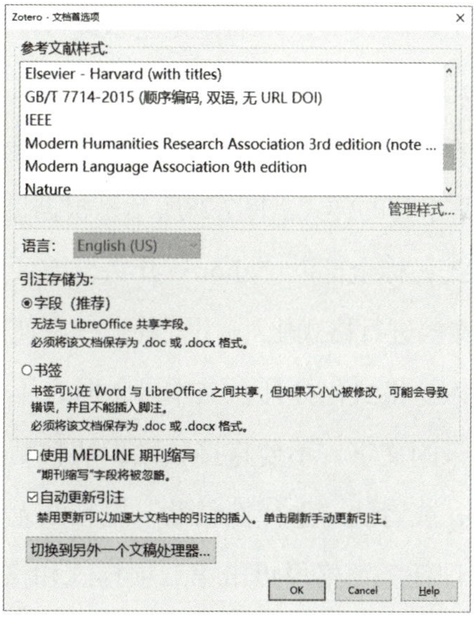

图 7.27　文档首选项对话框

文档首选项主要设置参考文献的输出样式，如图7.27所示，列表中提供了一部分常用的文献样式，如果未找到适合的，可以通过管理样式在线获取更多样式（有多达 1 万多种样式可选），或者通过增加按钮添加本地样式。需要说明的是，在线提供的 "China National Standard GB/T 7714 -2015 （numeric，中文）"在输出文献时，不管中文文献还是英文文献，当作者多于三人时，全部使用"等"替代剩余作者，事实是，对于英文文献需要用"et al"。我们可以通过修改文献样式满足我们的要求，这里推荐一个开源网址，提供 GB/T 7714—2015 相关的用于 Zotero 文献输出的 CSL 样式[①]，网站内容在不断更新，包括数字格式期刊样式、作者年代期刊样式、不同学校学位论文样式等，可选择下载使用。当然，随着 Zotero 中文用户量的不断增加，官网将来也可能提供更多定制化的中文输出样式。

7.9 WPS 论文模板

上述讨论的各个主题内容不尽详细，完全掌握可能还存在一定问题。我们也可以高效地去利用已有的模板，简化以上提到的文档定制操作。我们必须要面对毕业论文写作，可以找一个毕业论文的写作模板，一定要找专业化的模板，里面包含非常丰富的样式。图7.28所示是根据日常写作需要编写的模板里含有的样式，样式名称全部以"zhou"开头，方便集中显示。应用模板文件可以很方便地对文档进行格式化[②]。下面简述一下使用方法。

一定要将文本录入与格式化分开，文本录入时，不要带任何格式，如果是从其他地方拷贝过来的文字，不要直接粘贴，从粘贴按钮旁的下拉菜单里选择"只粘贴文本"，或者从"选择性粘贴"里粘贴无格式文本。待文本录入后，从WPS右侧管理任务窗格里点击第二项样式和格式，打开图7.28所示样式和格式对话框，缺省是没有自定义好的样式的，需要另外加载。使用已有模板文件的方法是，双击下载的模板文件，新建一个文档，在新建文档里就会包含模板里自定义好的样式。

---

① https://gitee.com/redleafnew00/Chinese-STD-GB-T-7714-related-csl
② 分享地址链接https://gitee.com/zhou-jiming/thesis-writing-and-layout

图 7.28　模板里的自定义样式

在新建文档里先录入文字，待文字输入后，将鼠标定位到要格式化的段落，注意不需要选择任何文字，然后从样式和格式列表里选择段落的期望样式，章标题、节标题、图题、表题、正文等，如此重复直到全部文字设置完成为止。格式设置完毕后，在章与章之间插入分节符，要特别注意奇数页分节符或偶数页分节符的使用。然后根据7.5一节所述方法设置各小节的页眉页脚。通过以上方法即可实现对文档的高效格式化。

第8章 投 稿

科技论文的发表无疑是科技工作者进行学术交流，促进研究成果推广和应用的最佳途径。所以，作者完成论文写作后，一般都希望及时在相关专业刊物上公开发表。发表论文的数量和质量已成为衡量一个科技工作者学识水平与业务成绩的重要指标，也是其获得学位和晋升专业技术职称的重要考核依据。

8.1 国际出版巨头及发表期刊选择

8.1.1 国际权威出版商简介

表8.1列出了10个国际权威出版商及其简介，下面进行具体介绍。

表 8.1 国际权威出版商简介

序号	出版商	简介
1	爱思唯尔	《柳叶刀》《细胞》等世界顶刊的出版商
2	威立	1807 创办的权威学术出版商
3	施普林格–自然	世界最大的科技出版集团之一
4	牛津大学出版社	世界最大的大学出版社

续表

序号	出版商	简介
5	剑桥大学出版社	具有近 500 年历史的权威出版社
6	泰勒-弗朗西斯出版集团	全球著名的学术出版集团
7	荷兰博睿学术出版社	具有 300 多年历史的欧洲著名学术出版社
8	ProQuest 公司	世界最早、最大的博硕士论文收藏和供应商
9	中国科学出版社	全球出版 50 强之一
10	美国学术出版社	出版科学、工程和技术领域的学术著作和期刊

1. 爱思唯尔（Elsevier）

Elsevier，国际权威学术出版商，1880 年创办，为科研和医学专业人员提供 2 650 种数字化期刊，包括在学界和医学界声名显赫的顶级学术期刊《柳叶刀》《细胞》，42 000 种电子书籍以及诸多经典参考书。作为全球科学与医学的信息分析巨头，爱思唯尔与中国学术机构的合作可追溯至上世纪80年代初，业务不断拓展，后于2001年在北京开设了第一个代表处。其客户与合作伙伴都是国际领先的科研及医疗机构。

2. 威立（Wiley）

Wiley，1807 年创立于美国的出版商，作为全球领先的学协会出版商，与 850 多家学协会合作，出版 1 600 多种期刊，其中 1 200 多种 Wiley 期刊被 JCR 收录，这些期刊代表了各领域的尖端研究成果。在 1 238 种被2019 年发布的 JCR 收录的 Wiley 期刊中，有 58%的期刊属于学协会期刊。Wiley 出版涵盖学科范围广泛，包括化学、材料科学、地球与环境科学、信息技术及计算机、工程学、数学与统计、物理与天文学、商业、人文科学、教育及法律、心理学、社会科学、生命科学、医学、护理学、兽医学等。

3. 施普林格-自然（Springer Nature）

Springer Nature，全球知名学术机构，2015 年由自然出版集团、帕尔格雷夫·麦克米伦出版公司、麦克米伦教育、施普林格科学与商业媒体合并而成。集团现拥有包括 Springer、Nature、BMC 等多个品牌，其中著名的 Springer

拥有超过 2 900 种期刊，致力于为学术界、科研机构和企业研究人员提供高质量的内容。

4. 牛津大学出版社

牛津大学出版社，创建于1478年，是全球最大、拥有广泛海外业务、极具国际性的大学出版社之一，在50多个国家拥有分支机构，每年出版6 000多种出版物。牛津大学出版社的出版范围包括所有科目的学术著作以及高质量的学术期刊、高等教育教材教辅、英语语言教材、辞典、参考书籍等，其在学术研究以及教育领域拥有卓越的声望。牛津大学出版社包括学术部、电子出版部、教育部、英语教学部等学部。

5. 剑桥大学出版社

剑桥大学出版社，成立于 1534 年，隶属于英国剑桥大学，是世界上历史最悠久、规模最大的出版社之一，主要出版专业书刊、教科书、试题、工具书等，每年有 2 000 多种印刷版和电子版出版物面世，出版领域涉及自然科学、人文社会科学及医学各个学科。它与剑桥大学的学术声誉和研究成果密切相关，出版了许多具有影响力和重要性的学术著作和期刊。剑桥大学出版社还积极推动开放获取出版模式，使研究成果更加广泛被访问和 传播。

6. 泰勒–弗朗西斯出版集团（Taylor & Francis Group）

Taylor & Francis Group，成立于 1798 年，是一家理论和科学图书出版商，每年出版超过 2 500 种期刊，出版领域覆盖社会科学、人文、科学技术、自然科学、医学领域以及行为科学。集团旗下出版品牌有 **Routledge**（全球知名的人文及社会科学出版社）、CRC Press（科学/技术/医学领域的主要出版社）、Garland Science 等。

7. 荷兰博睿学术出版社（Brill）

Brill，成立于 1683 年，是一家历史悠久、拥有广阔国际视野的学术出版社。其在欧洲乃至世界极负盛名，出版领域包括人文社会科学的所有重要学科、国际法及生物学等，在欧美的学术机构有重要的影响力，并长期致力于国际汉学学术成果的出版与传播。博睿每年出版 800 多册新书，200 多份期刊。

8. 科学出版社

科学出版社，是由中国科学院编译局与 1930 年创建的龙门联合书局于 1954 年 8 月合并成立。60 多年来，科学出版社依托中国科学院，秉承多年来形成的"高层次、高水平、高质量"和"严肃、严密、严格"的优良传统与作风，坚持为科技创新服务、为科学传播服务、为广大作者和读者服务的宗旨，面向世界科技前沿，面向国家重大需求，面向国民经济主战场，面向人民生命健康，充分挖掘国内外优秀出版资源，重视重大出版工程建设，形成了以科学、技术、医学、教育、人文社科为主要出版领域的业务架构。目前科学出版社年出版新书 3 000 多种，期刊 500 多种，拥有 21 个下属分、子公司；在国内外均设立了分支机构，建立了完善的国际出版、发行和传播网络，是国内领先的综合性科技出版机构。

9. 美国学术出版社（Academic Press）

Academic Press，是美国一所独立的学术性出版社，也是一家非常著名的学术出版公司。出版社出版反映自然科学、社会科学，且具有学术价值的专著、专题论文、修改后的硕博士论文、原创性资料、教材以及小说、诗歌等作品，还出版多种学术性的专业期刊。其出版的期刊均是学术品质非常高的刊物。Academic Press 出版物的学科范围涉及医学、生物、计算机、经济、法律、物理、数学、心理学、化学、历史、社会学、环境科学、哲学、语言学、地理等学科。

8.1.2 选刊的基本原则

1. 论文内容应与刊物报道的学科领域相一致

尽管科技期刊种类多、数量大，但每种科技期刊都有其专属的学科领域，作者应选择与其学科领域相近的期刊发表自己的科研成果，如数学学科的研究成果必须在数学类刊物上发表，基础研究的论文应在学术刊物上发表，技术研究的成果应在技术类刊物上发表，这是不言而喻的。因此，作者在投稿前应该弄清自己所撰写论文的学科领域，是学术研究成果，还是技术研究成果。根据自己论文的主题归属选择相应的刊物进行投稿。

2. 论文的学术水平应与拟发表刊物的水平相一致

报道同一学科领域内科研成果的科技刊物也有很多种，由于审稿的严格程度有差别，各种期刊的整体水平也是有差异的。*Nature*被全世界科学工作者公认为高水平刊物，据统计，1935 至 1998 年间有 60% 的诺贝尔奖获得者至少都在该刊上发表过一篇论文，但其退稿率极高，如果论文的水平并未达到这类刊物的选稿标准，即使向其投稿，也会遭受退稿的厄运。如果投稿刊物的水平低于稿件的学术水平，稿件很可能被录用发表，但论文发表后所获得的学术交流效果明显要比发表在与论文水平相当的刊物上的效果差得多。

3. 稿件撰写体裁要与刊物报道的体裁类型相一致

科技期刊上发表的文章按写作体裁可分为研究论文 (Articles 或 Papers)、研究简报 (Notes)、研究快报 (Letters，Communications，Correspondence) 和综合评述 (Reviews)。美国《化学会志》(*J. Am. Chem. Soc.*) 受理各种体裁的文章，而英国《化学通讯》(*Chem. Commun.*) 则只受理快报类文章，《化学评论》(*Chem. Rev.*) 只受理综合评述类文章。所以选择投稿刊物时应注意自己所写文章的体裁应与投稿刊物的报道栏目相一致。

8.1.3 了解选择所投刊物

1. 弄清期刊性质与特色

一个刊物的性质、办刊宗旨和类别可以从以下几方面去了解：一是可以从刊名大致了解杂志的性质，是人文社科类，还是自然科学类；是学报类，还是非学报类。二是栏目设置可以较为具体地反映出刊物的定位和固定报道内容，是刊物办刊宗旨的一贯体现。三是研读刊物可以了解刊物的出版周期，是核心期刊或统计源期刊，还是一般性期刊；是以阐述学术理论为主的纯学术期刊，还是以实用性为主的技术应用类期刊；是综合性期刊还是专门性、科普或信息类期刊，以及刊物的作者群和读者对象等（一般来说，作者群也是其主要读者对象）。只有对所投期刊的性质与特色做到心中有数，才可避免投稿的盲目性，增强针对性，提高投稿效率（赢得时间）和命中率，准确实现作者的投稿意图。

2. 认真阅读刊物投稿须知和征稿启事

由于刊物性质、宗旨、类别、特点等的不同，每一份刊物对稿件都有自己独特的要求，包括写作格式、注意事项等，这些要求通常长期刊登在刊物上或放在期刊专用网站上，以"征稿简则""作者须知""投稿须知"和"作者投稿指南""Instruction to Authors""Instruction to Contributors""Guide for Authors""Information for Contributors""Notice to Authors of Papers""Policies and Procedures"等名义详细地作了规定。熟悉刊物的"投稿须知"等内容，写作时注意与刊物的要求相一致，会大大减少论文退修的概率，缩短论文的录用时间，对提高投稿命中率也有很大的作用。《投稿须知》通常会给出如下问题的答案：

（1）此刊是否发表多种类型论文？自己的论文属于哪一类？

（2）此刊允许的论文篇幅是多少？摘要字数是多少？

（3）此刊是否提供论文模板？如何获取？

（4）此刊是否在线发布补充材料？材料应以何种形式提供？

（5）此刊要求论文包含哪几部分？

（6）各部分应当遵照哪些规则？此刊要求写作风格应当遵照哪些规则？

（7）此刊允许论文包含多少幅图表？对图表有哪些具体要求？

（8）此刊要求参考文献采用哪种体例？数量是否有限制？

（9）此刊要求论文采用哪种电子格式？图表应当插入正文、置于末尾还是单独提交？此刊是否提供在线投稿系统？

3. 准确判断刊物的档次，恰当把握自己稿件学术水平

（1）有关刊物的档次。

- 看主办单位，科技期刊的主办者有的是经商者，有的是高等院校，有的是研究所，有的是学术团体。不同的主办单位，其办刊宗旨有所不同，所办刊物的水平亦不相同。

- 看刊物的编委会组成，高水平刊物的编委会其学术阵容强大，其主编的学术地位和知名度高。

- 看刊物的文献计量学数据 [包括影响因子（Impact factor）、总被引频次（Total cites）、即年指标（Immediacy index）等]。刊物的影响因子高说明其学术影响力大，其审稿和选稿的标准就更为严格；刊物的总被引频次多说明其被使用的范围广、受重视的程度高，在学术交流中的作用大；刊物的即年指标高，说明其发表的文章在读者中的当年反响强烈。

- 看刊物是否被世界主要文献数据库或检索系统（如 SCI、EI）所收录，凡是被它们收录的期刊，说明其水平已达到一定档次，与同行交流的机会也增多。

（2）有关作者拟发表文章的水平。

- 将自己的文章放到同行所发文章或作者经常查阅和引用的文章中去比较，看文章内容是否有创新，创新程度如何，相同水平的文章大多发表在哪类刊物上。

- 请自己的老师、同行朋友或自己熟悉的同行专家帮助，以便把握选刊的准确性。

8.2 投稿流程

8.2.1 投稿前准备工作

1. 排版格式

在对论文进行投稿之前，作者需要按照期刊的格式要求进行格式排版。

一些期刊会给作者提供论文模板。作者在投稿前应认真按照期刊的格式要求对论文的格式进行排版。一篇好的排版内容，会给人留下深刻的第一印象。特别地，要注意：

（1）参考文献的排版：每个期刊对参考文献的格式都有明确的要求。对参考文献进行排版需要作者有耐心。可以使用参考文献管理工具对参考文献进行排版，这样能节约更多的时间。

（2）图表格式：很多期刊对图表格式都有严格的要求，比如图片的分辨率不能低于 300dpi，对图片中的字体和字号也有明确的要求。有些期刊可以在正文中同时提交图表，而许多期刊则要求图和表分开提交，这点需要作者注意，根据期刊要求来进行排版。

2. Cover letter

作者向期刊编辑推荐自己的稿件，包括稿件内容、为什么与期刊适合、推荐专家、作者联系方式等等。Cover letter 是不会进行正式公开出版的，但是作者也不能忽视了其作用。

3. 撰写亮点

为了让读者快速理解文章的要点，很多期刊还要求作者写出 3~5 个亮点来概括文章的中心。亮点表述要简洁，期刊一般有明确的字数要求，多数要求每个亮点不超过 85 个字符。

4. 推荐审稿人

有的期刊要求作者自己推荐 3~5 个审稿人。寻找合适的审稿专家也是令作者最头疼的问题之一。一般推荐同行业内的专家，或者自己论文中引用文献的作者即可。

8.2.2 稿件提交流程

1. 账号注册

在投稿过程中，在某些杂志投稿系统中，并没有对系统注册邮箱有严格要求，即使使用学生邮箱注册，也可顺利完成投稿。然而，从某种程度上讲，邮箱代表了作者的电子身份，通讯作者作为文章的最后责任承担者，有知情权和投稿义务。并且，有些杂志社一般默认投稿者是通讯作者，投稿系统中甚至默认了设置，注册邮箱就是通讯邮箱，一旦注册后无法修改。如此一来，使用学生自己的邮箱注册看似省事，实则把事情变得更为复杂。因此，建议通讯作者尽量使用自己的邮箱完成投稿。

2. 填写各步所需必要信息

第 1 步：选择手稿类型（Paper），填写 Title 题目、Abstract 摘要、及 Section 分类。

第 2 步：上传文件（手稿，利益冲突声明等文件）。

第 3 步：选择专业领域，选择一个或多个分类来确定提交论文的所属专业领域。

第 4 步：Review Preferences（推荐的编辑和审稿人）。

第 5 步：附加信息（Additional Information）。

第 6 步：手稿数据（Manuscript Data），包括标题、摘要（可能存在字数限制）、关键词、个人信息（邮箱、学校、学院）、基金信息等。

第 7 步：Build PDF for Approval（生成 PDF 后再次检查）。

8.2.3 投稿时若干注意事项

1. 不涉密、不侵权、不违法

科技论文涉及的政治性及保密性问题在科技期刊中也较为常见。2015年科学技术部、国家保密局在《科学技术保密规定》第四条中明确规定："科学技术保密工作坚持积极防范、突出重点、依法管理的方针，既保障国家科学技术秘密安全，又促进科学技术发展。"目前在来稿中，有的作者缺乏保密意识，不知不觉中泄露了国家的政治、军事、科技和经济秘密。失泄密一直是刊物之大忌，一旦有涉密问题，编辑部往往不敢录用此论文。《中华人民共和国著作权法》强调了知识产权的法律保障。从目前来看，稿中仍存在一些直接或间接侵犯知识产权的问题：如作者随意挂名、引用别人文献不加以文内标注；为晋升职称或完成科研工作量抄袭或拼凑文章；等等。这些不正常现象可能涉及作者的科技道德问题，甚至会触犯别人的著作权。

2. 不一稿多投或一投多稿

一稿多投不仅是版权法明令禁止的做法，也是各家刊物严防的现象。因为一稿多投多用，不仅浪费刊物资源，影响作者、刊物的声誉，也挫伤了读者的感情。故而一旦发现某作者有一稿多投现象，编辑部一般不再轻易采用其来稿。另外，一投多稿也不利于论文的发表。有不少作者一次给同一家刊物投多篇论文，以为这样可以提高命中率，其实不然。第一，作者的多篇论文质量有差异，编辑部往往选择其中质量较高的一篇进入审稿流程，其他的就可能放弃不用；第二，出于多种因素的考虑，编辑部一般不会连续刊发同一作者的论文；第三，多篇论文一起投，容易让编辑产生"多产而质量不高"的印象，最后不仅不能如作者所愿的"多投多中"，反而很可能是"多投少中"，甚至是"多投不中"。

3. 学术腐败七宗罪

早在1981年和1991年，多位中国科学院学部委员，鉴于在科学研究领域中存在的问题，在《科学报》两次撰文，呼吁重视科学研究工作中的道德问题。2002年4月10日，中科院邹承鲁院士在《光明日报》A3版发文，《清除浮躁之风，倡导科学道德》，总结了违反科学道德的七种表现形式。2003年9月13日召开的中国科协学术年会上，邹院士列数了中国科学工作者背离科学道德的"七宗罪"，包括：①伪造学历，伪造工作经历；②抹杀前人成果，自我夸张宣传；③伪造或篡改原始实验数据；④抄袭、剽窃他人成果；⑤一稿两投甚至多投；⑥强行在自己并无贡献的论文上署名；⑦为商业广告作不符合实际的宣传。学术腐败七宗罪是每位科研工作者的底线，不可触碰。

4. 认真反复修改和校对所投论文

好的文章需要多修改几次，改好的文章放置几日后再去阅读可能又有新的认识和构思，这也是写作大家早就提出的经验之谈。鲁迅说过，"写完后至少看两遍"。作品在投出前应让行家指点一下，作者至少多读几遍，并在此阶段细细推敲。

8.2.4 投稿过程及状态解析

稿件的投稿过程如图8.1所示。

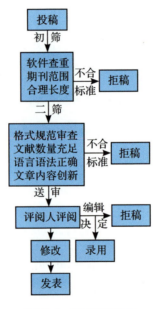

图 8.1 投稿流程图

投稿过程及状态解析通常指的是在学术出版领域，投稿到期刊或出版社时，作者所经历的整个投稿和出版过程，以及在此过程中不同状态的含义。一般而言，学术出版的投稿和出版过程包括以下几个步骤：

（1）选择合适的期刊或出版社：根据自己的研究领域和研究内容，选择一个合适的期刊或出版社进行投稿。

（2）撰写稿件并提交：根据该期刊或出版社的投稿要求，撰写稿件并按要求提交，一般包括文章的标题、摘要、正文、参考文献等内容。

（3）稿件初审：该期刊或出版社的编辑将对投稿稿件进行初步审核，检查是否符合该期刊或出版社的投稿要求、主题范围、原创性等。

（4）同行评审：对通过初审的稿件，该期刊或出版社将会安排同行评审，由该领域的专家学者对稿件进行评审，以确定是否符合学术要求和质量标准。

（5）编辑决策：根据同行评审的结果，该期刊或出版社的编辑将作出是否接受稿件发表的决策，可以是接受、拒绝、修改后再次评审等。

（6）审稿意见反馈：如果稿件需要修改，该期刊或出版社将会反馈审稿意见给作者，要求作者对稿件进行修改。

（7）终稿提交：作者根据审稿意见进行修改后，需要重新提交终稿给该期刊或出版社。

（8）最终决策：该期刊或出版社的编辑根据终稿和审稿意见，作出最终的决策，决定是否接受发表。

在这个过程中，不同状态通常包括以下几种：

（1）投稿中：作者提交稿件后，等待该期刊或出版社进行初审和同行评审的过程中。

（2）审稿中：经过初审后，稿件进入同行评审阶段。

（3）修稿中：如果稿件需要修改，则作者需要对审稿意见进行修改和完善。

（4）待决策：终稿提交后，稿件进入最终决策阶段。

（5）已接受：期刊或出版社决定接受稿件发表。

8.3 论文署名

8.3.1 署名排序

在科技论文中，最容易撰写的部分就是署名行，只要输入作者姓名和通信地址就行了，但可能存在谁该署名、署名如何排序等问题。如何正确进行署名排序，并不存在公认的规则或惯例。或许是为了避免引起纷争，有些作者同意按照姓名字母排序。在数学领域，这似乎是通行做法。有些经常合作的、两人一组的科研人员轮流署名第一作者。若期刊允许，论文有时会注明"前两位作者贡献相同"。在过去，存在着一种普遍倾向：不论是否积极参与了科研工作，实验室负责人（或者项目组负责人）都在论文上署名。这些"负责人"往往名列"末位作者"。结果呢，"末位作者"似乎更易获得知名度。因此，两位作者若均非实验室负责人，甚或均非资深教授（Senior professor），则会竞争第二作者的位置。若作者人数多于两位，追求知名度的作者想要名列第一作者或末位作者，而不是中间作者。

通常，第一作者是科研工作的执行者。名列第一作者凭借的并不是级别。假如领导了科研项目，研究生（甚或本科生）亦可名列第一作者。相反，即使诺贝尔奖获得者也不能无故名列第一作者，除非其贡献卓著。在第一作者之后，其他作者可以大致按照对论文的贡献降序排列。在有些领域，实验室负责人依然通常名列末位作者。此时，末位作者可能还是为了表达特别的敬意。不过，仅当这位实验室负责人确实进行过指点才可这么做。一般而言，全部署名作者应当参与科研工作，并达到足以为论文（或论文中的某个关键方面）负责的程度。若论文发表后发现存在缺陷（甚或欺诈），那些没有参与实质研究却在论文上署名的作者就后悔了。还有一种趋势：实验室中几乎人人都列为作者。此外，科研合作越来越多，论文作者平均数也因此越来越大。

8.3.2 署名资格

对于署名资格,或许可以这么定义:对整个科研成果的构思、设计、实施做出积极贡献的人均应列入作者名单。此外,通常应按照"对科研成果的重要性"对作者进行排序。同事或者上司既不该要求在某篇论文上署名,也不该让署名出现在某篇与自己关系不大的论文上。论文作者应定义为:为论文科研成果承担学术责任的人。不过,考虑到现代科学众多领域均存在多方合作、学科交叉的特点,上述定义必须予以弱化。在论文上署名的作者只是某个学科的参与者,若被假定要为论文的各个方面承担学术责任,这是不现实的。即使这样,每位作者均应为选择合作伙伴负全责。

不可否认,确定作者名单并非易事。分析每位参与者对论文的贡献往往极其困难。显然,几位经年累月在某个科研项目中共同工作的参与者可能很难记起当时是谁最先提出了研究构想?当时是谁的奇思妙想促使实验成功?假如与研究毫不相干的"隔壁实验室的哥们儿"提了个刨根问底的问题,使得整个科研项目"峰回路转、柳暗花明",那么应当如何对待这位"隔壁实验室的哥们儿"呢?

每位署名作者均应对论文科研成果做出过重要贡献。此处"重要"一词是指形成科技新知的各项研究工作,以及构成科技论文原创性的思路。在科研项目启动前,应当商定将来发表论文时的署名排序。根据科研项目进展,后期可以改变事先商定的署名排序。但是,"署名排序"问题若留到科研项目接近尾声时才去商量,就太不明智了。

需要强调的是:科技论文只应列出做过重要贡献的人。"不正当署名"反而影响了真正的科研人员,并带来编制文献列表时的"噩梦"。

8.3.3 署名排序实例

下述实例或许有助于说明何种参与程度才具备署名资格。假定科研人员A设计了一组有可能获得重大科技新知的实验。科研人员A将做实验的准确方法告知实验员B。若实验成功并发表论文，科研人员A应当是唯一的作者，即使全部具体操作都是实验员B完成的（当然，需要在论文致谢部分感谢实验员B的协助）。

现在，假定实验失败了。实验员B将负面结果拿给科研人员A，并这样建议："我觉得如果将孵育温度从24 ℃提高至37 ℃并在培养基中加入血清白蛋白，这种菌株可能就会生长了。"科研人员A同意试一下，这一次实验成功并发表了论文。此外，实验员B对实验结果分析也提供过一些真知灼见。若是这样，科研人员A和实验员B应当分别列为第一作者和第二作者。

让我们再进一步。假定孵育温度提高至37 ℃并在培养基中加入血清白蛋白后，实验成功并发表了论文。不过，科研人员A却发现一个明显问题——在上述条件下生长表明：被测微生物是一种病原体，而此前发表的论文曾指出此种微生物不会致病。科研人员A请科研人员C（同事、病原微生物专家）验证此种微生物的致病性。按照（任何医学微生物专家均会采用的）标准规程，科研人员C将待测物注射进实验鼠体内，快速完成了验证，证实了致病性。在添加了几句重要陈述之后，论文得以发表。科研人员A和实验员B分别列为第一作者和第二作者，而科研人员C的协助则是在论文致谢部分说明。

不过，假定科研人员C对这种菌株产生了进一步深入研究的兴趣，继而开展了系列精心规划的实验，最终得出这样的结论——这种微生物不仅对鼠有致病性，而是一直未发现的、某些罕见人类传染病的病原体。这样一来，论文新增了两个数据表格，并重写了结果部分和讨论部分。论文发表时，科研人员A、实验员B、科研人员C分别列为第一作者、第二作者、第三作者（根据具体情况，科研人员C还有可能列为第二作者）。

8.3.4 贡献清单

有些期刊要求列出每位作者所做的具体贡献（"贡献清单"）。例如，哪位作者设计的研究方案，哪位作者收集的实验数据，哪位作者分析的数据，哪位作者撰写的论文。有些期刊将贡献清单与论文一起发表，有些期刊只将贡献清单存档。有时，贡献清单中的贡献者并不是署名作者。例如，有人收集了一些实验数据，但基本上没有参与科研工作；又如，有人提供过技术指导等。要求提供贡献清单至少有两个好处。其一，有助于确保每位作者均具有署名资格、有资格署名者均不会被遗漏。其二，若贡献清单得以发表，则有助于读者在需要某类信息时联系相应作者。

8.4 论文亮点

论文亮点（Highlights）应是作者提炼出的整篇论文的精华，需要高度概括文章，特别是结论及讨论部分，要突出文章的重要意义和重要发现，读者、编辑或审稿人在阅读时可以一目了然地了解论文的所有核心要点与创新点。论文亮点就像是产品的广告词，需要清晰快速地使文章给读者留下深刻印象，吸引人来阅读。因此，论文亮点理应简洁易懂且具有说服力，使论文更容易被搜索引擎搜索到，并将其匹配给正确的受众，它还有助于论文更广泛地传播，促进新的合作，并帮助加快科学的步伐。

Composites Science and Technology 期刊对论文亮点撰写的要求为"High-lights are optional yet highly encouraged for this journal, as they increase thediscoverability of your article via search engines. They consist of a short collection of bullet points that capture the novel results of your research as well as new methods that were used during the study (if any). Highlights should be submitted in a separate editable file in the online submission system. Please use 'Highlights' in the file name and include 3 to 5 bullet points (maximum 85 characters, including spaces, per bullet point)."

8.4.1 论文亮点包含的内容

论文亮点应该清晰、简明地概括研究的主要发现和贡献，使读者快速了解和理解研究的重要性和意义，主要包括以下几个方面。

（1）论文的总结概述：展示论文的研究重点，可以包含研究目的、研究主旨、研究的挑战性等内容。

（2）论文的研究方法：3~5条要点中包含1条研究方法就足够了，简单展示论文的研究方法，但要突出新颖性。

（3）论文的主要结论：关于论文的结论可以写2~3条，需要描述出研究最重要的结论，描述时务必要通俗易懂。阐述研究对于已有理论和研究的贡献和影响，以及对于未来研究的启示和帮助。

（4）论文的创新之处：概括全文的创新点是非常重要的，展示创新点有助于论文在投稿时脱颖而出，在发表后吸引更多读者阅读。

（5）论文的研究意义：不超5条要点时可以补充1条，用以强调论文的实际指导意义和潜在应用价值，以及对于相关领域的发展和进步所做出的贡献。

8.4.2 论文亮点的基本要求

（1）突出研究的创新性和重要性，涵盖研究的主要成果和新方法（如果有的话）。

（2）包含3~5个要点。

（3）每条要点不超过85个字符（包含空格及必要的标点符号）。

（4）使用清晰的语言和术语，避免使用过于专业或复杂的语言。

8.4.3 论文亮点实例

1. 实例 1

来源：Mechanics Research Communications, Volume 67, July 2015, Pages 39-46

• The elastic-plastic problem of doubly periodic cracks is solved.

• The influence of plasticity around the crack tip is addressed.

• A highly accurate approach is put forward by avoiding double infinite summation.

• A new identity suitable for periodic cracks research is put forward first and proved.

• An analytical formula is obtained for calculating SIF with a reliable precision.

该篇论文的亮点在于通过避免双重无限求和，提出了一种高精度的解决具有弹性-塑性问题的双周期裂纹的方法，并讨论了裂纹尖端附近塑性的影响。此外，该文还首次提出并证明了一种适用于周期性裂纹研究的新方法，并获得了一种可靠精度的分析公式，用于计算应力强度因子。

2. 实例 2

来源：Psychiatry Research, Volume 281, November 2019, 112546

• Vasaloppet skiers have lower incidence of depression compared to non-skiers.

• Both male and female skiers have lower incidence of depression.

• Higher exercise dose in men was associated with even lower incidence of depression.

• The exercise dose did not impact subsequent incident depression in women.

论文的四个亮点显示，滑雪运动与抑郁症发生率之间具有一定的关联关系，无论男女，滑雪运动都可以降低抑郁症的发生率，这是一个新颖的研究方向，为抑郁症预防和治疗提供了一个简单易行的方法。进一步地阐明了，运动量对于男性和女性而言的区别性，对于男性而言，运动量越大，抑郁症发生率越低，而对于女性，运动量没有明显影响。

3. 实例3

来源：Nano-Micro Lett. 13, 181 (2021)

• The review discusses the key concepts, loss mechanisms and test methods of electromagnetic interference (EMI) shielding.

• The research progress of polymer matrix EMI shielding composites with different structures is detailedly illustrated, especially their preparation methods and corresponding evaluations.

• The key scientific and technical problems for polymer matrix EMI shielding composites with different structures are proposed, and their development trend are prospected.

这篇文章主要讨论了电磁干扰（EMI）屏蔽的关键概念、损失机制和测试方法，并详细介绍了不同结构的聚合物基EMI屏蔽复合材料的研究进展，特别是它们的制备方法和相应的评估方法。文章提出了聚合物基EMI屏蔽复合材料的关键科学技术问题，并展望了它们的发展趋势。

8.5　图形摘要

许多期刊鼓励甚至要求作者提交一份图形摘要（Graphical abstract）。图形摘要，也称为图形概述或图形总结，是一种简短的、可视化的、有吸引力的图形形式的摘要，用于传达研究论文的主要发现或结论。图文摘要是一个单独的图形，与传统的文本摘要一起展示，图文结合，以更简洁的方式表达摘要所要表达的内容，更能吸引读者的注意力，使读者更愿意阅读全文。

8.5.1 图形摘要的优点

1. 可以快速地描述论文，传达信息的效率高

图形摘要在一开始就表达了论文的主要观点，能够更快速、准确地传达研究成果的核心信息和主要发现，提高读者对论文的理解，节省读者的时间和精力。

2. 为论文内容做宣传，提高论文影响力

大多数读者浏览数以百计的论文摘要，常常依靠关键词来确定自己感兴趣的文章。一个良好的图形摘要可以很清楚地突出数据。一图胜千言，能更生动、直观地展示研究成果，更容易让读者理解，提高读者的阅读体验。

3. 可循环利用

一旦作者制作了一个图形化的摘要，就可以把它用在演讲、会议海报、社交媒体等地方。使用的场所越多，你的论文就越容易被认出来。

总之，与传统的文字摘要相比，图形摘要更加直观、生动，能够快速传递信息，具有很高的实用价值。

8.5.2 图形摘要的建立途径

（1）选择一张能够代表论文研究内容的图形。该图形可以是实验数据的可视化结果，也可以是研究模型的示意图，或者是其他有代表性的图形。

（2）确定图形的主题和重点。根据所选图形的内容，确定图形的主题和重点，以便能够在图形摘要中突出强调。

（3）设计图形摘要的布局。一般来说，图形摘要应该包括图形本身、图形标题和图形摘要文字。可以根据需要调整它们的位置和大小，以便整个图形摘要看起来简洁明了。

（4）撰写图形摘要文字。图形摘要文字应该简洁明了，突出图形的主题和重点。可以包括一些简短的说明，以帮助读者理解图形。

（5）修饰图形摘要。可以添加一些修饰元素，如背景颜色、边框、阴影等，以增强图形摘要的吸引力。

（6）审查和修改。完成图形摘要后，对其进行审查和修改，以确保没有错误和不必要的信息。

（7）导出和保存。最后，将图形摘要导出为适当的格式（优先选用 TIFF、EPS、PDF 等格式），并保存在适当的位置，以便随时使用。

8.5.3 图形摘要实例

图 8.2 所示的图形摘要反映出本文的主要创新点、实验方法及结果，利用甲虫翅鞘和蝴蝶翅膀的微结构进行仿生设计，成功实现同时具有薄厚度、宽带吸波和良好力学性能的微波吸收材料，为设计具有优异宽带微波吸收性能和良好机械性能的超材料提供了一种有效的方法[①]。

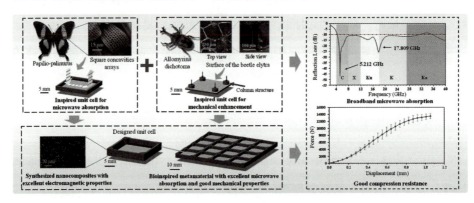

图 8.2　图形摘要实例 1

图 8.3 所示的图形摘要清晰地显示了论文所采用的方法，建立了一种三维体外培养系统，支持长尾猴胚胎从受精后 7~25 天的发育，并通过单细胞

---

① FENG M, ZHANG K, CHENG H, et al. A nanocomposite metamaterial with excellent broad-band microwave absorption performance and good mechanical property[J/OL]. Composites Science and Technology, 2023, 239: 110050.

多组学分析证明了这种培养系统中的胚胎形成了三个胚层，包括原始生殖细胞，且在早期胚胎形成时期建立了正确的 DNA 甲基化和染色质可及性，通过胚胎免疫荧光实验证实，这种体外培养系统的胚胎形成了神经嵴、神经管闭合和神经前体区域分化。最后，作者证明了体外培养胚胎的转录组和形态发生特征类似于同期的活体长尾猴和人类胚胎。①

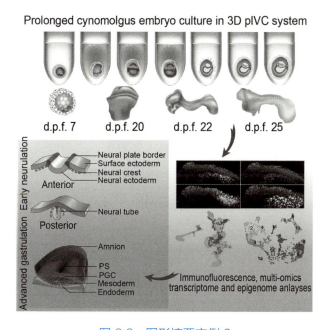

图 8.3　图形摘要实例 2

8.6　通讯互动

与期刊编辑进行的通讯互动可以发生在投稿过程的不同阶段，可以是投稿时撰写的投稿信，也可以是回应审稿人和编辑的意见，甚至可以对编辑的拒稿决定提出申诉，尽管不同阶段通讯互动的目的不同，但均会使作者有机

---

① ZHAI J, XU Y, WAN H, et al. Neurulation of the cynomolgus monkey embryo achieved from 3D blastocyst culture[J/OL]. Cell, 2023, 186(10): 2078-2091.

会理清不清楚的地方，提供文章或其他正在接受审查或已接受的工作的基本信息。

一旦准备好要投稿，首先需要撰写投稿信（cover letter），这是论文管理系统上论文记录必备的要素。投稿信是编辑打开论文文件夹后第一个看的文档，其内容的复杂度和重要性需要缜密思索、精心安排。通讯作者会以论文共同作者的名义撰写投稿信，但通讯作者不一定需要是论文第一作者。投稿信通常包括论文的主题阐述、创新点、署名权、利益冲突、版权许可陈述（如果涉及）、联系信息等。

稿件投出去之后，千万不能以为就万事大吉了。很多期刊，尤其是高质量的期刊，论文安排是非常紧张的。这种情况下，就一般人心理而言，谁催得紧、要求得迫切，谁的论文就能得到优先发表。笔者建议，稿件投出去之后，要以各种理由、各种方式经常与编辑部取得联系，加强同编辑部的沟通。良好的沟通，能拉近编辑与作者间的距离；通过沟通，编辑对作者的科学态度和稿件的学术思想加深了了解，无疑会增加作者在编辑心中的个人"感情分值"和"信任程度"，从而容易得到编辑的特殊指导和关爱。

收到审稿意见的作者需要准备针对审稿意见的逐点回复信件。重投的时候，必须递交修改后的稿件以及"反驳信"（rebuttal letter），或是列出根据审稿意见做出的修改清单。不论是什么样的形式，回复审稿意见必须要说明做了什么修改，如果没有根据审稿意见进行修改，作者必须说明为什么坚持原来的内容、图表或论点。虽然文档的标题通常是 Response to Reviewers，但审稿人并不是首先看到这个档案的人，期刊编辑会先仔细检查，分析每一个修改的原因和准确性（或是没有根据建议进行修改的原因）。

与期刊编辑沟通最困难的莫属对拒稿决定提出申诉。收到决定拒稿的信息对作者来说很不好受，需要花点时间冷静一下，了解期刊的政策，申诉的程序为何。接着，再看一次审稿人的意见，再读一遍编辑的决策邮件。不公正的审稿或是不正确的审稿可以成为申诉的原因，根据期刊的程序提出申诉即可。向期刊说明你要对编辑的决定提出申诉，申诉过程一般会有较严谨的时程。总之，与期刊编辑互动是论文发表过程中重要的一环，正式、礼貌、尊重、清楚、组织良好的信息和信件能增进沟通，加快发表过程。作者应该精心准备回复编辑的信件，把握机会与他们进行充分深入的互动。

参考文献

[1] 闫茂德, 左磊, 杨盼盼. 科技论文写作[M]. 北京: 机械工业出版社, 2021.

[2] 李宁. 科技论文写作之道: 学报编辑谈论文写作[M]. 北京: 化学工业出版社, 2020.

[3] GASTEL B, DAY R A. 科技论文写作与发表教程[M]. 8版. 任志刚, 译. 北京: 电子工业出版社, 2018.

[4] 周淑敏, 周靖. 学术论文写作[M]. 北京: 清华大学出版社, 2018.

[5] 高烽. 科技论文写作规则与行文技巧[M]. 2版. 北京: 国防工业出版社, 2015.

[6] 赵鸣, 丁燕. 科技论文写作[M]. 北京: 科学出版社, 2014.

[7] 张孙玮, 吕伯昇, 张迅. 科技论文写作入门[M]. 4版. 北京: 化学工业版社, 2011.

[8] 比约·古斯塔维. 科技写作快速入门[M]. 李华山, 译. 北京: 北京大学出版社, 2008.

[9] 任胜利. 英语科技论文撰写与投稿[M]. 北京: 科学出版社, 2004.

[10] 刘宗昌. 科技论文撰写刍议[J]. 热处理技术与装备, 2022, 43(1):47-51.

[11] 周黎明. 科技论文摘要常见问题及写作之道[J]. 科技传播, 2022, 14(16):37-39.

[12] 石高峰, 杨彩影, 李梅秀. 汉语二语学习者词汇搭配知识地道性发展研究

[J]. 国际中文教育(中英文)，2021，6(3):5-12.

[13] 谢玲娴，刘媛. 科技期刊论文图表规范化及合理布局探讨[J]. 黄冈师范学院学报，2021，41(6):229-233.

[14] 黎子辉，刘亚娟. 常用中国专利数据库评析[J]. 图书馆研究，2020，50(1):43-49.

[15] 刘玉娜，杨蒿，唐勇. 我国英文科技期刊与国际出版商出版服务合作情况探析[J]. 中国科技期刊研究，2019，30(6): 642.

[16] 科学技术保密规定[J]. 中华人民共和国国务院公报，2016(3):38-44.

[17] 时颂华，宋珞宏，薛晓谦，等. 电力科技论文常见语病评析及规范性表达[J]. 湖南电力，2014，34(5):53-57.

[18] 黎欢，颜志森. 广东科技期刊论文写作中常见的语法错误辨析[J]. 韶关学院学报，2012，33(10):81-84.

[19] 黄新斌. 对一稿多投的价值态度与对策研究综述[J]. 出版科学，2012，20(5): 42.

[20] 科技论文写作常涉及的国家标准[J]. 航天器环境工程，2012，29(6):713.

[21] 高莉丽. 辨析科技论文中几种常见的语法错误[J]. 广西科学院学报，2010，26(1):81-82.

[22] CHIPPERFIELD L, CITROME L, CLARK J, et al. Authors' submission toolkit: a practical guide to getting your research published[J]. Current Medical Research and Opinion, 2010, 26(8): 1967-1982.

[23] 王立龙. 医学科技论文中常见语病分析[J]. 癌变·畸变·突变，2004(4): 249-250.

[24] 邹承鲁. 清除浮躁之风 倡导科学道德[J]. 科技成果纵横，2002 (3): 4-6.

[25] 谢述初. 科技论文语病分析[J]. 编辑学报，1990(1):50-53.

附　　　录

文中涉及的软件列表

序号	软件名称	简介	开源	下载链接二维码
1	TeXlive	最全面的 TEX 系统，提供了完整的 TEX 发行版，包括 LATEX 等，用于科技论文的排版和编辑	√	
2	TeXstudio	LATEX 文档集成编译环境（IDE），专门用于编辑和编译 TEX 文档，提供了许多有用的功能和工具	√	
3	Emacs	高度可定制的文本编辑器，可以用于编辑和排版 TEX 文档，支持插件和宏，适合习惯使用命令行界面和键盘快捷键的用户	√	
4	VS Code	用于管理和组织参考文献的开源文献管理软件，可以导入、编辑和导出各种文献格式，并提供了搜索、标记和分类等功能	√	
5	JabRef	用于管理和组织参考文献的开源文献管理软件，可以导入、编辑和导出各种文献格式，并提供了搜索、标记和分类等功能	√	
6	Zotero	强大的文献管理工具，可以捕捉、组织和引用各种类型的文献，支持多平台同步和与其他软件的集成，方便进行参考文献的管理和引用	√	
7	NoteExpress	国产文献管理软件，可以帮助用户管理和检索大量的文献资源，并提供了写作工具和引用插件，适用于学术研究和论文写作	√	

续表

序号	软件名称	简介	开源	下载链接二维码
8	Mendeley	综合性的文献管理工具，可用于收集、组织和共享文献资源，提供了在线和离线访问、标注和引用等功能，适用于个人和团队进行科研工作和写作	√	
9	VOSviewer	用于可视化科学文献计量学分析的软件，可以生成科学文献网络图、合作关系图和研究热点图，帮助用户理解和分析研究领域的相关性和发展趋势	√	
10	Gnuplot	强大的绘图工具，用于生成各种类型的科学图表和数据可视化，支持多种输出格式和绘图选项，适用于生成高质量的图形用于论文和报告的插图	√	
11	inkscape	矢量绘图软件，对标 illustrator 和 coredraw，用于创建和编辑各种类型的矢量图形，支持多种文件格式和图形效果，适用于制作高质量的插图和图表	√	
12	pinta	简单易用的免费图像编辑软件，提供基本的绘图和编辑功能，适合快速处理图像、添加标注和调整图像参数，对标绘图和 PS	√	
13	WPS	办公套件软件，包括文字处理、演示文稿和电子表格等工具，提供了丰富的排版和编辑功能，适用于撰写科技论文中的文字内容和表格，对标 MS Office	√	
14	MathType	强大的数学公式编辑工具，可以在各种文档中快速创建复杂的数学公式，提供了丰富的数学符号和编辑选项，方便科技论文中的数学表达和公式编辑	√	
15	yanputhesis	西北工业大学学位论文模板（硕、博）	√	

后　　记

撰写本书过程中，我们对科技论文写作和排版进行了全面而深入的探讨。希望本书能成为科研人员、学生和学者们手中的有用工具，帮助他们进行高质量的论文写作和规范、高效的排版。

科技论文写作是科研工作的重要组成部分，它不仅要求我们对研究主题有深入的理解，还需要将研究成果清晰、准确地传达给读者。本书简要概述了论文结构、论文构成要素及修辞与语法，提供了实用的写作技巧、范例和指导，帮助读者有效地组织和表达自己的研究。

同时，本书也强调了科技论文排版的重要性。合适的排版可以提升论文的可读性和专业形象，使读者更容易理解和评估研究成果。我们介绍了常用的排版规范、引用格式和图表设计原则，帮助读者正确地呈现论文的结构、引用资料和图表数据。特别地，本书涵盖了常用的绘图软件、排版软件、文献管理及文献研究等十余种软件及插件的使用方法。大多数软件为开源软件，方便读者获取，其功能完全能满足读者的需要。

在编写本书的过程中，汇集了广泛的研究经验和专业知识，力求为读者提供全面而实用的指导。然而，科技领域的发展是不断变化的，本书无法覆盖所有的细节和特殊情况。因此，我们鼓励读者在实际写作过程中保持开放的思维，根据具体需求和领域要求进行相应的调整和改变。

最后，衷心希望本书能为广大读者提供有价值的帮助，促进科技论文写作与排版水平的提升。我们相信，只有通过不断学习和实践，不断改进和完善自己的写作技巧，才能在科研领域取得更大的成就。

感谢您选择阅读《科技论文写作与排版》，祝愿您在科研之路上取得丰硕的成果！